2020—2021

黄河研究进展

黄河水利职业技术学院 编

黄河水利出版社

·郑州·

内 容 提 要

黄河流域生态保护和高质量发展重大国家战略的实施,对黄河研究领域提出了诸多亟待研究解决的关键技术问题,由此也必将推动黄河保护治理重大实践的科技进步。为及时了解和总结黄河研究领域的新成果,展望需要深化和拓展的重点研究方向与课题,黄河水利职业技术学院特组织撰写了黄河研究进展年度报告,以期为黄河管理科学决策、保护治理实践、科研攻关及教学传业等提供参考。本书为首次尝试,分别从黄河流域水土保持与生态治理、黄河下游河床演变与治理、黄河水沙变化、黄河水资源节约集约利用、黄河流域生态治理-衍生产业协同发展和数字孪生流域等研究方向,分6章概要提炼了2020—2021年度的黄河研究主要成果。每一章由引言、主要研究进展和面临的问题与研究展望等部分组成,重点介绍了相关研究方向涉及的河情概况和研究现状、取得的主要成果和认识,以及面临的新问题、应对建议和研究课题。

本书可供水利、生态、环境、信息技术、地理等领域的管理者、科研人员、企业人员和大专院校相关专业师生参考。

图书在版编目(CIP)数据

2020—2021 黄河研究进展/黄河水利职业技术学院编.—郑州:黄河水利出版社,2023.6
ISBN 978-7-5509-3562-4

Ⅰ.①2… Ⅱ.①黄… Ⅲ.①黄河流域-生态环境保护-研究-2020-2021 Ⅳ.①X321.22

中国国家版本馆 CIP 数据核字(2023)第 076823 号

组稿编辑:王路平　电话:0371-66022212　E-mail:hhslwlp@163.com
田丽萍　66025553　912810592@qq.com

责任编辑:陈彦霞　责任校对:张彩霞
封面设计:李思璇　责任监制:常红昕
出版发行:黄河水利出版社
地址:河南省郑州市顺河路49号　邮政编码:450003
网址:www.yrcp.com　E-mail:hhslcbs@126.com
发行部电话:0371-66020550
承印单位:河南匠心印刷有限公司
开　本:787 mm×1 092 mm　1/16
印　张:9
字　数:210 千字
版次印次:2023年6月第1版　2023年6月第1次印刷

定　价:90.00元

《2020—2021 黄河研究进展》

编写组

主　　编：姚文艺

副主编：胡　昊　张　攀　冯　峰

编写人员：（按姓氏笔画排序）

王志慧　王宏涛　申震洲

冯　峰　孙　爽　李佳璐

张　攀　陈　诚　陈军明

赵海滨　胡　昊　侯礼婷

徐　鹏　盛　坤

序

黄河,中华民族的母亲河,千百年来孕育了古老而伟大的中华文明,哺育了一代又一代的中华儿女。黄河不仅是中华民族的精神图腾,也是全流域及下游两岸地区经济、社会发展的生命线。至今,她仍以有限的甘露乳汁无私地供养着1.4亿人口、160万 hm^2 耕地、50多座大中城市的用水。

2019年9月18日,习近平总书记在河南郑州主持召开黄河流域生态保护和高质量发展座谈会并发表重要讲话,把黄河流域生态保护和高质量发展上升为重大国家战略,并发出了“让黄河成为造福人民的幸福河”的伟大号召。沿黄各省(区)积极践行黄河流域生态保护和高质量发展重大国家战略,奏响了新时代黄河大合唱。广大科研工作者、专家学者及河流管理者主动融入到黄河流域生态保护和高质量发展重大国家战略实施进程中,从不同学科、领域和视角研究黄河流域生态保护和高质量发展重大国家战略实施面临的新形势,阐释黄河保护治理的新目标新任务,探索践行的新举措新途径,取得了丰富的系列研究成果。及时总结和提炼这些新成果新进展,对服务于实施黄河流域生态保护和高质量发展重大国家战略的重大决策和践行实践具有重要的积极意义。

黄河水利职业技术学院是首批国家示范性高等职业院校、国家优质高等职业院校、中国特色高水平高职学校A档(全国前十)建设单位。作为一所因黄河而生、因黄河而兴的历史名校,在近百年的办学历程中,确立了“依托水利、服务河南,根植中原、走向世界”的办学定位,形成了“黄河为魂、水利为根、工程为基、育人为本”的办学特色,所培养的近20万名毕业生一代一代接续活跃在祖国的大河上下、大江南北,护佑着神州大地江山无恙、国泰民安。牢记重托,勇担使命,用心用情讲好黄河的故事,为黄河流域生态保护和高质量发展培养高素质技术技能人才,是黄河水利职业技术学院义不容辞的责任。为了及时反映黄河研究新成果,归纳新见解、新建议、新观点,为黄河治理开发与管理提供科学决策参考,为黄河研究科技工作者展现学术发展新动向,黄河水利职业技术学院特组织专家团队自2022年开始编撰黄河研究成果的年度进展报告,首次年度报告梳理整合、凝练总结了从2019年9月18日习近平总书记发表重要讲话至2021年12月31日之间的国内外关于黄河研究的主要成果,即《2020—2021黄河研究进展》。以后将按年度编撰,于次年出版。黄河研究进展报告的编撰特邀请中原学者、黄河水利职业技术学院特聘教授姚文艺担任主编及总审稿人。

《2020—2021 黄河研究进展》的主要内容由黄河流域水土保持与生态治理、黄河下游河床演变与治理、黄河水沙变化、黄河水资源节约集约利用、黄河流域生态治理-衍生产业协同发展、数字孪生流域等 6 个研究方向的成果组成。每部分内容由引言、主要研究进展、面临的问题与研究展望等部分构成,并针对面临的问题提出了相应的对策和今后需要加强研究的方向与课题等。以后,将重点围绕黄河流域生态保护和高质量发展重大国家战略提出的 5 大目标任务方面的研究新成果进行编撰。

在《2020—2021 黄河研究进展》撰写中,编写团队成员克尽厥职、专精覃思、精心编撰,于 2022 年初启动编写工作,历时 1 年完成。现将《2020—2021 黄河研究进展》分享给每一位关心、爱护母亲河的中华儿女。

大河奔涌朝天阔,长风浩荡再扬帆。《2020—2021 黄河研究进展》的出版发行,既是黄河水利职业技术学院人践行黄河流域生态保护和高质量发展重大国家战略交出的一份答卷,也是黄河水院人向母亲河敬献的一份特殊礼物!

黄河水利职业技术学院 校长

2023 年 4 月

前言

黄河流域生态保护和高质量发展重大国家战略(简称黄河重大国家战略)确立了加强生态环境保护、保障黄河长治久安、推进水资源节约集约利用、推动黄河流域高质量发展和保护传承弘扬黄河文化的主要目标任务,对新时期黄河治理开发与管理提出了新的战略需求,不仅极大地促进了治黄重大实践的深入发展,同时也为黄河科研工作提出了新课题新任务。

自2019年黄河重大国家战略实施以来,黄河科研工作获得极大发展,国家重点研发计划、国家自然科学基金等科技计划均列出研究专项,围绕黄河重大国家战略提出的5大战略目标任务,针对当前面临的重大科技问题,提出了重点资助方向,包括水资源节约集约利用、水沙调控、水旱灾害防御、水环境质量改善、生态保护和生态系统整体功能提升等,为黄河重大国家战略实施提供科技支撑。同时,科技部还印发了《黄河流域生态保护和高质量发展科技创新实施方案》,结合黄河流域现状、社会背景和科学挑战,针对黄河水少沙多、生态环境脆弱和悬河发育等自然特点,以生态保护和高质量发展为核心,以"水"为主线,以"流域"为着眼点,聚焦水资源短缺矛盾和生态环境脆弱等突出问题,紧紧抓住水沙关系"牛鼻子",制定了实施水安全保障、生态保护、环境污染防治等关键技术攻坚行动,以及高质量发展与文化传承行动,旨在通过基础理论和关键技术突破,支撑黄河重大国家战略的实施。水利部发布的重大科技项目计划紧密围绕黄河重大国家战略需求,遵循"节水优先、空间均衡、系统治理、两手发力"的新时期治水思路,进一步明确了服务于黄河重大国家战略实施的水科学重点支持方向。

不少相关领域的期刊也都以不同形式设置黄河生态保护和高质量发展专题栏目,围绕黄河重大国家战略目标任务开展了广泛而深入的研究,发表了系列的学术文章。黄河重大国家战略实施以来,以黄河流域为主题的我国学术界发表论文数量大幅提升,以黄河生态保护和高质量发展为主的关键词的使用频率也是最高的,不少期刊发表的涉及黄河的研究成果也是多年来最多的，例如《水利学报》《水科学进展》《生态学报》《地理学报》《农业工程学报》《人民黄河》等发文均是较多的，不仅起到了媒介促进成果交流和推动黄河科研学术探讨的作用，由此也反映出黄河生态保护和高质量发展的研究已经成为学术界广泛关注和研究的热点问题。从见诸报端的大量研究成果看，涉及的研究方向相当广泛，既有基础理论探讨，也有关键技术研发；既有学术研究，也有政策与对策建议；既有自然科学，也有人文与经济科学。而且，不少文章的成果达到了启迪与引领的高度，具有很大的科技支撑作用和学术价值。

为集中连续反映黄河研究成果，以期为治黄决策提供科学参考，为从事黄河研究的科技工作者展现学术发展新动向，黄河水利职业技术学院特制定了编制黄河研究年度进展报告的计划，以每年出版上一年度有关黄河研究进展报告的形式，对上一年度发表在国内外主要相关学术期刊及其他媒介上的相关文章等成果，摘其要点，提炼观点，归纳认识，反映建议，这项工作无论是对黄河治理和管理工作者，还是对黄河科研工作者，其意义无疑是很大的。

《2020—2021 黄河研究进展》是首次尝试，主要考虑到黄河重大国家战略始于 2019 年 9 月这一关键时间节点，所以第一个年度选为了 2020—2021 年。但在撰写中，为介绍背景材料和考虑成果的系统性，也部分引用了 2020 年以前和 2021 年以后的参考文献。另外，本年度的进展报告主要反映自然科学研究方面的成果，没有涉及黄河文化等人文学科方面的研究成果。

在 2020—2021 年度，在自然科学方面发表的有关黄河研究文献主要集中于黄河水沙变化、水土保持与生态治理、黄河水沙调控与河道治理、水资源节约集约利用与管理、黄河数字孪生流域、生态经济发展等方面。因此，本年度报告共分 6 章，分别是黄河流域水土保持与生态治理、黄河下游河床演变与治理、黄河水沙变化、黄河水资源节约集约利用、黄河流域生态治理-衍生产业协同发展、数字孪生流域等。在下一年度，将按黄河重大国家战略 5 大目标任务分章节撰写，由此也将增加黄河文化研究的相关内容与章节。

本年度进展报告的编写工作主要依托于黄河水利职业技术学院中原学者工作室，不仅得到了黄河水利职业技术学院校方领导的大力支持和具体指导，还得到了水利工程学院领导的支持和帮助。虽然是第一次尝试，但是撰写人员都热情饱满，在教学、科研工作任务繁重的情况下，自觉加班加点查阅文献，梳理成果，归纳分析，总结提炼，认真撰写，保证了撰写工作得以按时完成。

第 1 章黄河流域水土保持与生态治理主要由陈诚、侯礼婷、盛坤撰写；第 2 章黄河下游河床演变与治理主要由赵海滨、王宏涛撰写；第 3 章黄河水沙变化主要由张攀、王志慧撰写；第 4 章黄河水资源节约集约利用主要由冯峰、李佳璐撰写；第 5 章黄河流域生态治理-衍生产业协同发展主要由申震洲撰写；第 6 章数字孪生流域主要由胡昊、徐鹏、孙爽、陈军明撰写。姚文艺负责全书统稿、审修和补充。

在撰写工作中，参考了大量的国内外有关文献，所有被检索到的文献作者都为本年度进展报告的完成做出了贡献，特此表示衷心感谢！然而抱歉的是，因多种原因，可能有些参考文献未能在报告中列出，为此表示深深歉意，也敬请相关作者给予谅解。另外，对于同一研究方向的相近成果，只列出了有代表性的参考文献，其他未一一列出，也敬请相关作者给予谅解。

近年来有关黄河的研究成果很多，我们也试图给予全面反映，但由于检索方式和所掌握的资料所限等原因，实际上是很难做到概全无缺的，甚至对某些方面研究成果的阐述也可能挂一漏万，为此，敬请读者给予理解。

另外，由于黄河问题的复杂性，以及人们在研究方法、解析理论等方面的不同，对同一问题的研究结论和认识却是不同的，为充分反映当前研究进展，按照客观阐述的原则，我们在尊重作者观点的基础上，均加以引叙。

黄河水利出版社的编辑老师为本书的高质量尽早出版，在出版选题申报、文字编辑、图表加工和装帧设计等方面付出了很多努力，特此致谢！

《2020—2021 黄河研究进展》毕竟是第一次探索，可能存在不当或错误之处，敬请读者不吝指教，我们衷心期望在您的支持、帮助下，把黄河研究进展报告撰写得更好。

黄河研究进展报告编写组

2023 年 4 月 12 日

目 录

第1章

黄河流域水土保持与生态治理

1.1 引 言

黄河流域是我国乃至世界上水土流失最为严重、生态问题最为突出的地区，尤其是黄土高原丘陵沟壑区，治理前的区域侵蚀模数高达15 000~30 000 t/(km²·a)，植被覆盖度平均仅有30%左右。水土流失造成的黄河下游“地上悬河”和严重退化的生态环境对保障我国华北地区的防洪安全和生态安全、构筑祖国北方生态屏障构成了极大挑战。大力推进水土保持、加强生态环境保护，是实现黄河长治久安、推动黄河流域高质量发展的根本举措。

党和国家历来高度重视黄河流域水土保持与生态治理工作。中华人民共和国成立70余年来，投入了大量人力物力治理水土流失，尤其是自1999年国家开始实施退耕还林还草政策，有力地促进了黄河流域水土保持事业的发展，取得了水土流失面积和强度“双下降”的显著成效。2020年黄河流域水土流失面积由1990年的46.50万km²减至26.27万km²，减幅达43.51%(见表1-1)。2021年水土流失面积进一步减至25.93万km²，累计初步治理水土流失面积达到25.96万km²，其中修建梯田624.14万hm²、营造水土保持林1 297.18万hm²、种草237.66万hm²、封禁治理437.32万hm²；累计建成大型淤地坝6 265座，中型淤地坝1.05万座，小型淤地坝4.02万座，水土保持率提高至63.89%。水土保持对于减少入黄泥沙发挥了重要作用。经评估，在退耕还林还草工程实施前，降雨减少、大型水库和水土保持措施(淤地坝、梯田、林草等)对减少入黄泥沙的贡献率分别约为30%、30%和40%，2000年以来这3项因素的贡献率发生调整，降雨等气候因素的贡献率不断降低，而水土保持的贡献率不断增加，分别为19%、22%和59%，其中林草的减沙贡献率为10%~20%，水土保持的作用十分突出。

表1-1 黄河流域水土流失面积动态变化

年份		水土流失面积/万km²	强度分级面积/万km²				
			轻度	中度	强烈	极强烈	剧烈
2020		26.27	16.79	5.97	2.11	1.10	0.30
1999		42.66	13.51	12.38	9.17	4.66	2.94
1990		46.50	15.32	12.00	7.88	6.38	4.92
动态变化	对比1999	−16.39	3.28	−6.41	−7.06	−3.56	−2.64
	对比1990	−20.23	1.47	−6.03	−5.77	−5.28	−4.62
变幅/%	对比1999	−38.42	24.28	−51.78	−76.99	−76.39	−89.8
	对比1990	−43.51	9.60	−50.25	−73.22	−82.76	−93.9

黄土高原生态环境也得到明显改善。据遥感监测分析，黄土高原植被覆盖度由1999年的30%左右提高到2020年的60%左右，其中甘肃、内蒙古、陕西等省(区)的植被覆盖

度提高到60%以上。另外，通过“三北防护林”工程建设，初步形成了西北地区重要的生态屏障。

与此同时，黄河流域水土保持科研事业也得到极大发展，目前已初步形成了世界上最为系统、规范和规模最大的水土保持科学试验观测监测站网，取得了以黄土高原土壤侵蚀区划、以小流域为单元的水土保持综合治理模式、多沙粗沙来源区划分及分布、沟道小流域泥沙输移规律等为代表的一大批具有世界影响的成果。

黄河流域生态保护和高质量发展重大国家战略（简称黄河重大国家战略）的实施，习近平总书记在党的二十大报告中提出的加快实施重要生态系统保护和修复重大工程，着力保障黄河长治久安，着力改善黄河流域生态环境，促进全流域高质量发展的目标要求，必将推动黄河流域水土保持与生态治理进入一个崭新的发展时期。

《黄河流域生态保护和高质量发展规划纲要》确定了新时期黄河流域水土保持与生态治理的三大关键区：一是以内蒙古高原南缘、宁夏中部等为主的荒漠化防治与治理；二是以青海东部、陇中陇东、陕北、晋西北、宁夏南部黄土高原为主的水土流失治理，重点是黄河多沙粗沙区、风水交错侵蚀区和农牧交错区；三是黄河三角洲湿地的河口生态治理与保护。因此，保护三江源地区山水林田湖草沙生态全要素，恢复生物多样性；实施黄土高原塬面保护、小流域综合治理、高标准淤地坝建设、坡耕地综合整治等水土保持重点工程；建设集防洪护岸、水源涵养、生物栖息等功能于一体的黄河下游绿色生态走廊；维系提升黄河三角洲湿地生态系统功能等是国家战略的重大需求，也将成为新时期黄河流域水土保持与生态治理科技发展聚焦的重点方向。

近年的诸类国家科技计划均围绕黄河流域水土保持与生态治理的国家重大需求，列设了一系列的专项研究项目。例如国家重点研发计划项目“鄂尔多斯高原砒砂岩区生态综合治理技术”，主要目标是针对砒砂岩区生态退化和区域复合侵蚀综合治理的重大实践问题，阐明砒砂岩区生态系统时空格局变化规律，揭示生态系统退化与复合侵蚀互馈机制，评估砒砂岩覆土覆沙裸露区生态承载力，提出坡顶-坡面-沟道系统复合侵蚀阻控技术、不同类型退化植被恢复重建技术、资源开发生态安全保障技术、生态恢复-产业经济协同发展技术，构建砒砂岩区生态综合治理模式，为砒砂岩区生态系统恢复重建和黄河粗泥沙治理提供技术支撑；“黄土高原生态修复与特色产业发展技术与模式创建”项目，以提高流域生态系统服务功能为目标，根据生态系统人为设计理论，在定量分析经济社会-生态治理-产业发展相互作用的基础上，研发出水土保持植被结构定向调控技术与特色生态产业技术体系，包括低效林定向改造和人工林抚育间伐、山杏高接改良、果园水肥一体化及沙棘丰产栽培与新产品研发等技术；“黄土高原区域生态系统演变规律和维持机制研究”项目，重点目标是研究黄土高原生态系统及其空间格局的演变规律，辨识黄土高原生态修复模式的格局—结构—功能关系，揭示黄土高原生态系统变化的水资源效应与作用机制、黄土高原生态修复的土壤侵蚀效应与控制机制，研究黄土高原生态系统承载力调控机制与提升途径。国家自然科学基金黄河水科学研究联合基金也列出了多个研究专题，例如2021年列设的“黄土高原极端暴雨土壤侵蚀致灾及蓄排协调防控机制”，主要研究黄土高原典型流域暴雨洪水灾害特征，阐明极端暴雨土壤侵蚀致灾机制，评估流域水沙灾害风险，揭示多目标约束下的暴雨洪水蓄排协调防控机制，提出暴雨洪水蓄排协调模式;“黄土高原淤地坝建设基础理论及风险防控”,重点研究因地制宜、环境友好的淤地坝、溢洪道、输水管道和坝体协同机制,构建极端气候条件下淤地坝系的安全评价理论体系和风险预警模型,研究淤地坝应急预警安全防控阈值和洪水演进模型;“黄土高原水土保持措施潜力及其对河流水沙的调控机制”,其目标是研究极端暴雨条件下水土保持措施对地表水土过程的影响,阐明极端暴雨条件下的流域水沙演变过程与规律,揭示水土保持措施对水沙过程的调控机制、群体效应及阈值,评估黄土高原水土流失重点治理区水土保持措施治理潜力,提出黄土高原水土保持措施空间优化方案与对策;“水土保持措施配置对流域水沙过程的影响和作用”,重点研究黄土高原水土保持措施对大中流域径流和泥沙的影响,分析黄河一级支流水土保持措施调节径流和泥沙的过程及作用机制,提出以入黄水沙控制为导向的流域中长期水土保持措施。这些专项科技计划项目的研究必将为新时期黄河流域水土保持高质量发展,为生态修复和确保黄河长治久安提供重要的科技支撑,也必将进一步促进我国水土保持学科理论的进一步发展。

1.2　主要研究进展

水土保持与生态治理是黄河流域生态保护和高质量发展重大国家战略的重要目标任务,也是生态文明建设的重要举措和有效途径。与此同时,黄河重大国家战略的需求也为水土保持与生态环境研究领域提出了新的课题和研究方向。近年来有关水土保持与生态治理方面的研究更为水土保持、生态环境、地理、水文泥沙、土壤、生物等多学科领域所关注,有很多研究成果见诸报端。综合来看,成果内容主要集中于砒砂岩区复合侵蚀规律、历史土壤侵蚀模数反演、暴雨产沙规律、水土保持措施减蚀机理、土壤侵蚀模拟评价、治理关键技术等方面,为新时期黄河流域水土保持与生态治理重大实践提供了科技支撑,同时对促进水土保持行业科技进步也有积极意义。

1.2.1　水土流失基本规律

近年,关于砒砂岩区水力-风力-冻融复合侵蚀规律、黄土高原土壤侵蚀模数变化空间分异性、暴雨产沙效应方面的研究有了明显进展。

1.2.1.1　砒砂岩区复合侵蚀规律

黄河流域鄂尔多斯高原的砒砂岩区是我国特有的一种地质现象。砒砂岩为形成于古生代和中生代的沉积岩,是由砂岩、砂页岩和泥质砂岩构成的岩石互层,结构性能差、抗蚀力低,具有“无水坚如磐石,遇水烂如稀泥”的特性。因此,该地区土壤侵蚀剧烈、生态退化严重,是黄河粗泥沙来源的核心区,也是黄河流域水力-风力-冻融复合侵蚀的典型集中区,尽管其面积仅约为黄河流域面积的2%,但产生的粗泥沙却占到黄河下游河道多年平均淤积量的25%左右,被称为“地球生态癌症”。根据砒砂岩地表覆盖物及其覆盖程度的不同,将砒砂岩区分为覆土、覆沙和裸露三大类型区,其中覆土区面积0.84万km^2,覆沙区面积0.37万km^2,裸露区面积0.46万km^2,分别占总面积1.67万km^2的50.3%、22.2%、27.5%。多年来,由于对其侵蚀规律和生态退化机制研究薄弱,缺乏有效的治理技术和措施,一直成为黄河流域的“弱治理区”。为此,在“十二五”“十三五”期间,国家连续把砒砂岩区生态治理理论与技术研究列入重点研发计划,对砒砂岩区多动力复合侵蚀规律、综合治理技术开展了系统研究。

研究表明,对于砒砂岩覆土区,在年内不同时段,水力、风力、冻融动力复合的模式有别,存在着风-冻交错、风-水交错和风-水-冻交错三个典型动力组合模式,相应地在年内侵蚀也会出现三个侵蚀高风险期(见图 1-1)。风-冻交错侵蚀主要发生于每年 2 月上旬至 4 月上旬;风-水交错侵蚀主要发生于 6 月中上旬至 8 月中旬;在 10 月中旬至 11 月中下旬主要为风-水-冻交错侵蚀期。因此,在每年的 3—6 月、11 月至翌年 4 月,冻融侵蚀量最大,水力侵蚀量最小;在 7—10 月,水力侵蚀量最大,冻融侵蚀量最小。各侵蚀动力对砒砂岩覆土区坡面的影响程度由大到小依次为水力侵蚀、冻融侵蚀、风力侵蚀。

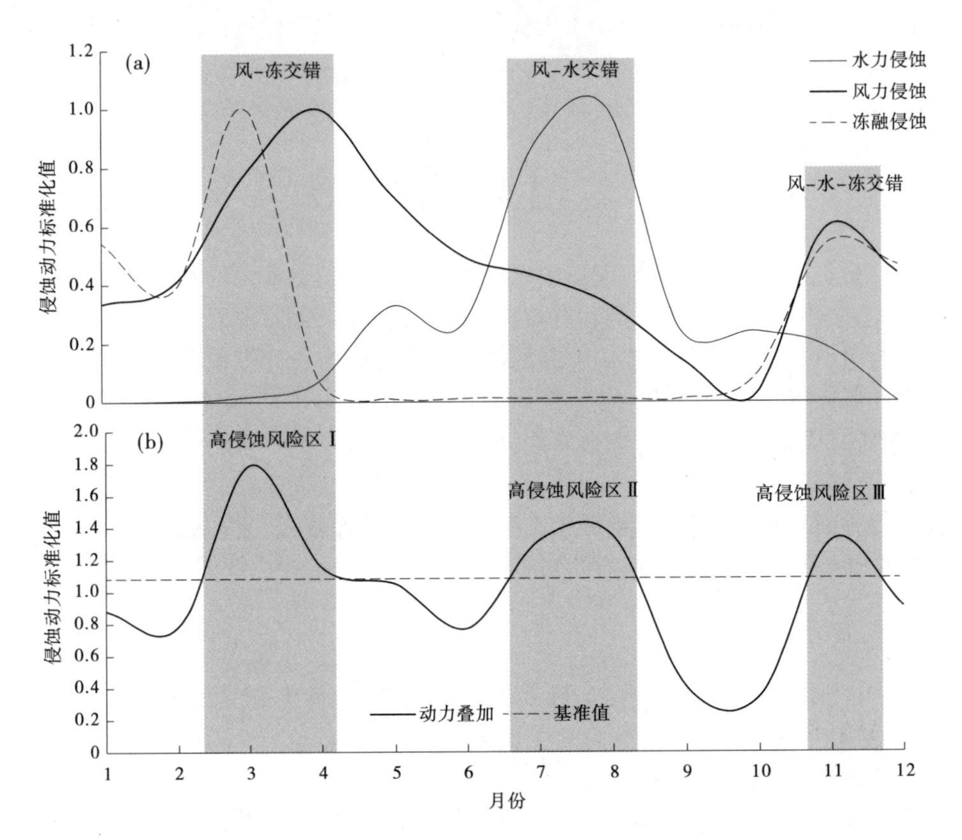

图 1-1　砒砂岩覆土区年内侵蚀高峰期分布

砒砂岩区多动力复合侵蚀的效应不是单动力侵蚀量的线性叠加,而是具有“1+1>2”的特征,即具有非线性叠加放大效应(见图 1-2)。单一的冻融、风蚀作用下砒砂岩坡面产沙量甚微。“冻+水/冻+风+水”即冻融、水蚀(或冻融与风蚀和水蚀)过程相加的产沙量较复合侵蚀产沙量明显偏小,“冻-水”和“冻-风-水”产沙量较线性相加的产沙量增加明显,即水蚀、冻融-水蚀及冻融-风蚀-水蚀复合侵蚀存在着明显的叠加放大效应。观测表明,两相或三相作用力的交互能使砒砂岩坡面的产沙量增加 1 倍以上,其中“冻-水”叠加效应约放大至 127%,“冻-风-水”叠加效应约放大至 164%,这也正是砒砂岩区成为黄河多沙粗泥沙来源核心区的重要原因之一。

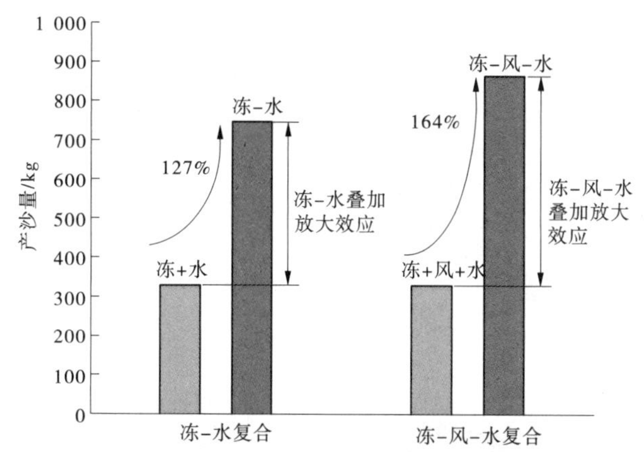

图 1-2　多动力交互作用下砒砂岩坡面复合侵蚀叠加效应

植被是阻控侵蚀的重要因子,对于改变流域侵蚀发生发展过程具有重要作用。近期,通过对砒砂岩区近 20 年植被覆盖度时空变化特征研究发现,1999—2018 年砒砂岩区植被覆盖度整体呈增加趋势,但在空间上有着不同的变化态势(见图 1-3),从东南向西北植被覆盖度的增加呈现出不断递减的变化特征,其中覆土区>覆沙区>裸露区(剧烈侵蚀)>裸露区(强度侵蚀)。值得注意的是,仍有约 41.6%的植被由修复向退化方向变化。近 20 年砒砂岩区 45.53%的区域面积植被覆盖度极显著增加,主要分布在覆土区和覆沙区,显著和极显著减少的区域零星分布在裸露区与覆沙区交界处。区域植被覆盖度变化将在短期内保持增长趋势,降水、土壤水分和气温是影响砒砂岩区植被覆盖空间分布的主导环境因子,坡度和坡向对植被覆盖度的解释力最弱。各分区不同植被覆盖度水力侵蚀发生面积主要集中在中低植被覆盖度与中植被覆盖度地区,占水力侵蚀发生面积的 80.3%。其中,覆土区中低植被覆盖度和中植被覆盖度水力侵蚀发生面积最大,占该区水力侵蚀发生面积的比例分别为 30.05%、58.32%。总体而言,不同植被覆盖度水力侵蚀面积分布为中低植被覆盖度区>中植被覆盖度区>低植被覆盖度区>高植被覆盖度区。风力侵蚀均集中在中低植被覆盖度区与中植被覆盖度区,占风力侵蚀发生面积的 79.8%,其中,覆土区中低植被覆盖度和中植被覆盖度风力侵蚀发生面积分别占该区风力侵蚀发生面积的比例为 30.72%、57.94%。降水、土壤水分和气温是影响砒砂岩区植被覆盖空间分布的主导环境因子,且降水同其他环境因子的交互作用对植被覆盖影响最大。由此也可认识到,复合侵蚀与降雨、土壤、气温、植被等多因素的耦合作用有关,其发生发展是一个复杂的过程。

可以说,复合侵蚀是一种非线性多动力交互叠加的地貌过程,其发生发展过程受诸多因素的耦合作用制约,具有时空分异显著的基本特征。在砒砂岩区,从坡顶到坡面再到沟道的地貌空间结构特征、植被生境及群落结构分异性大,侵蚀规律更为复杂,因此地貌空间结构-植被群落结构-复合侵蚀过程的耦合关系是今后研究的重点。同时,有关砒砂岩区坡面-沟道地貌单元系统土壤侵蚀的级联关系及其时空变化规律也是需要深入研究的。

1.2.1.2　百年尺度土壤侵蚀模数反演

目前,关于黄土高原土壤侵蚀模数的研究已有不少成果,但就黄土高原土壤侵蚀模数

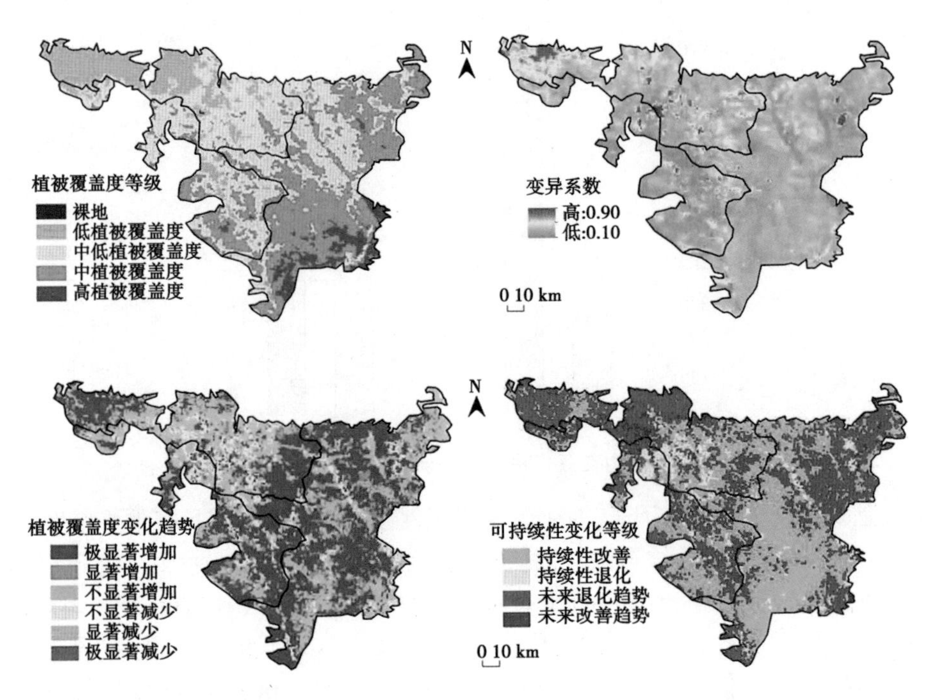

图 1-3　砒砂岩区 1999—2018 年植被空间变化

的历史数据来说,仍然严重缺乏,尤其是对百年尺度的黄土高原土壤侵蚀模数研究并不多,使人们难以深刻认识该区域土壤侵蚀模数的历史演变规律。近期,穆兴民等通过遥感影像获取 1982 年之后的 NDVI 数据,据此重构 1901—1981 年的 NDVI 数据,并通过修正通用土壤流失方程 RUSLE 的计算和验证,进而确定了黄土高原百年尺度的土壤侵蚀模数。分析表明,黄土高原地区 1901—2016 年平均土壤侵蚀模数为 5 056.86 t/(km^2 · a)。在不同区域,土壤侵蚀模数存在明显的差异(见图 1-4),其中黄土高原西北部的沙地沙漠区与农灌区土壤侵蚀模数相对较低,大多区域小于 1 000 t/(km^2 · a);黄土高原中部的丘陵沟壑区、高塬沟壑区平均侵蚀模数比较高,分别为 8 570.06 t/(km^2 · a)和 5 781.82 t/(km^2 · a),黄土高原土壤侵蚀模数大于 8 000 t/(km^2 · a)的极强烈侵蚀和剧烈侵蚀也主要集中在这两个类型区。

长期以来人们就意识到,影响土壤侵蚀模数大小的重要因素之一是土壤可蚀性因子 K。近两年的研究发现,在坡面上,K 值在梁峁坡空间上有着不同的分布,从坡顶到坡下存在着增高—降低—增高的变化规律,且坡顶的 K 值与坡位有关,阴坡的 K 值大于阳坡的 K 值,即 $K_{阴坡}>K_{阳坡}$,而在坡面的 K 值则变为 $K_{阳坡}>K_{阴坡}$。对砒砂岩裸露区的研究也表明,强度以上的侵蚀主要分布在阳坡,占比达 56.8%~75.8%。另外,土壤可蚀性因子 K 与土壤级配的关系不是单向性的,土壤可蚀性因子 K 与砂粒含量呈极显著负相关,而与粉粒含量呈极显著正相关,但与黏粒和有机质含量的相关关系则并不强。在裸露坡面上,对于一定级配的土壤,其土壤可蚀性因子 K 主要取决于地形地貌等因素。

近两年,有关侵蚀产沙影响因素贡献率的研究有很多成果发表。这些成果所采用的研究方法多为人工模拟降雨试验、原状土冲刷试验、野外径流小区动态监测等。研究表

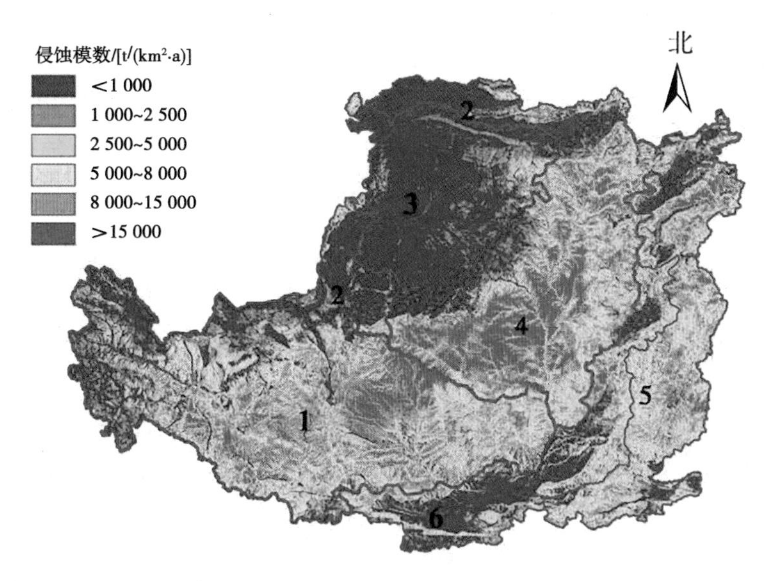

1—高塬沟壑区；2—农灌区；3—沙地沙漠区；4—丘陵沟壑区；5—土石山区；6—河谷平原区。

图 1-4　黄土高原年均土壤侵蚀模数空间分布

明，降雨强度、坡长和两者之间交互作用对产流产沙的贡献率较大。其中对产流贡献最大的是降雨强度，贡献率为 49.8%；坡长对土壤侵蚀的贡献率最大，为 37.8%。另外，对砒砂岩典型流域的研究表明，在砒砂岩裸露区，水力侵蚀模数与坡度、地表粗糙度、地表切割深度呈显著的正相关关系。据观测，目前砒砂岩区沟道的水力侵蚀模数仍可达近 10 000 $t/(km^2 \cdot a)$。

1.2.1.3　极端暴雨产沙预测

近年来，有关极端暴雨情景下黄土高原水力侵蚀产沙的效应已成为研究的热点。虽然黄土高原生态环境大幅改善，2000 年以来黄河来沙量锐减，但黄土高原生态脆弱的客观因素不会改变，而变化较大的是全球气候变暖导致的极端天气事件频发，导致局地暴雨频发，产沙量增加。据此，“假定黄河中游河口镇至潼关区域 1933 年暴雨重现”和“假定 2010—2018 年黄河中游河口镇至潼关区域各支流的最大暴雨年在同一年发生”等两种极端暴雨情景，通过类比和数学模型模拟的方法，研究了在这两种情况下的产沙量。结果表明，两种情况下相应的区域产沙量为 12.4 亿 t 和 9.9 亿 t，如果考虑坝库水毁排沙和极端暴雨出现在连续干旱年之后等不利情况，产沙量将会更大。因而，需要清醒地认识到，尽管黄土高原林草植被已经有了大幅改善，而且有大量梯田和淤地坝等水土保持工程运行，但并不能说黄河防洪形势就可以高枕无忧了，仍需要做好应对可能出现的洪水大沙致灾风险的准备。

1.2.1.4　梯田、林、草、淤地坝拦沙减蚀作用与效益

1. 植被、梯田减沙作用的有限性

姚文艺等近年来的研究表明，林草植被和梯田等水土保持措施对坡面产沙的控制作用存在着临界效应，也就是说，在措施配置达到一定规模后，其减沙作用的增幅就会趋缓。

刘晓燕等通过引入易侵蚀区（剔除城镇用地、石山区、河川地和平原等此类地块后的

其他地块)、林草有效覆盖率 V_e(林草叶茎的正投影面积占流域易侵蚀面积的比例)和产沙指数 S_i(流域易侵蚀区内单位降雨在单位面积上的产沙量)等概念,利用黄土丘陵沟壑区实测林草植被、降雨和水沙数据,分析了林草植被与流域产沙能力之间的响应规律。研究发现,流域的产沙指数均随林草有效覆盖率 V_e 的增大而减小,且二者呈指数关系,不过在 V_e<20%时改善植被的减沙作用不太稳定;当 V_e≤40%~45%时,产沙指数随 V_e 的增大而迅速降低;V_e>40%~45%时,改善植被导致的产沙指数递减速率越来越小;当 V_e>50%~60%时,决定流域产沙量的首要因素不是植被覆盖度而是有效降雨量,且降雨强度次之。

对于黄土丘陵区的第Ⅰ—Ⅳ副区,要实现流域产沙模数≤1 000 t/(km^2·a)的目标,林草有效覆盖率应达55%~65%以上,该阈值自东向西递增。对于黄土丘陵区的第Ⅴ副区,当林草有效覆盖率 V_e>45%~50%时,流域产沙量不再明显减少,而是趋于一个相对稳定状态,即使林草有效覆盖率达到60%以上,仍难以再明显增加遏制流域产沙的能力;而且,河(沟)床产沙占比越高,依靠林草植被改善而削减流域产沙的难度越大。

黄河水利委员会西峰水土保持科学试验站南小河沟苜蓿试验小区的试验也进一步发现,流速和含沙量都会随植被覆盖度的增大而减小,但当植被覆盖度达到60%时,流速的变化趋于稳定。同时发现,植被对输沙能力的影响与植被覆盖度、植被株径和泥沙粒径有关。在相同的坡面地形及植被覆盖度条件下,株径较小的植被比株径较大的植被更有利于减沙;同一种植被,在泥沙粒径较粗的地区减沙效果更为明显,只需达到一个较小的覆盖度,便可以发挥有效的减沙效果;在植被覆盖度较低时,发挥有效减沙效果的覆盖度阈值是由坡面泥沙粒径和植被株径决定的。

减沙效果除与植被覆盖度有很大关系外,植被垂直结构对坡面产流产沙也会有影响,不同垂直覆盖结构条件下的坡面产流产沙特征具有明显的差异。如果以无覆盖有根系坡面做对照,具有地上植株层、近地表覆盖层、根系层的完整覆盖植被的减流减沙效果最好,分别可达91.12%和98.71%,且其对降雨的截流率也最高,为1.73%;可使坡面流速降低66.69%,径流深降低66.70%。

另外,植被的不同空间配置具有不同的减水减沙效益。坡面草带既可对上方来水来沙起到缓流拦沙的作用,又可对下方径流起到滞流消能的作用,且这两种功效调控侵蚀的作用范围和作用强度与草带空间布设位置密切相关。草带位于坡面中下部,能更好地发挥减水减沙双重水土保持功效。

研究表明,梯田规模也存在减沙临界阈值。通过黄土高原六盘山以西82个中等流域样本的研究发现,梯田兼具本地减沙和异地减沙作用,而且流域减沙百分比均大于相应时期的梯田占比。当梯田占比>30%时,单位面积梯田的减沙作用则会逐渐变小;梯田占比达到40%时,减沙幅度基本不再增加,是梯田减沙的阈值。

2. *淤地坝拦沙作用与效益*

近两年,对水库和淤地坝的拦沙作用研究成果较多,大多研究聚焦在水库和淤地坝对输沙量减少的贡献率方面。此外,也有研究者根据淤地坝和水库数量及其时空分布特征,反演了流域百年产沙情势。

根据黄河河口镇—潼关区间有淤地坝的治理流域和未治理流域次洪水特征对比发

现,在暴雨条件下淤地坝具有重要的拦沙作用,并可改变流域原来的产输沙模式,例如韭园沟流域淤地坝可使泥沙输移比降至 0.16,远小于黄土丘陵沟壑区的 1.0。不过,随着淤地坝运用年限的增加,拦沙库容减少,对输沙量减少的贡献率会呈减少趋势。

对特大暴雨条件下坝系的拦沙作用在近两年也得到一些新的认识。如果把流域视为一个连通的系统,可以按照淤地坝结构将淤地坝和下游沟道的连通方式分为 11 类,例如,通过溢洪道连通、通过竖井或卧管连通、通过溢洪道和竖井或溢洪道和卧管连通等,基于此分析淤地坝的拦沙效果,结果表明,相对于单坝而言,坝系的拦沙效益更高。以岔巴沟流域、延河流域为研究区,在不考虑连通方式的影响下,淤地坝的拦沙效益分别为 81.69%~83.61%和 48.05%~55.51%;考虑连通方式影响下的淤地坝拦沙效益分别为 61.97%~65.46%和 38.57%~45.32%。岔巴沟流域研究区不考虑连通方式影响下的淤地坝拦沙效益为 81.85%,而在考虑连通方式的影响下,拦沙效益为 61.80%,在特大暴雨条件下同时考虑连通方式,拦沙效益为 26.36%。特大暴雨条件下同时考虑连通方式的拦沙效益相较于仅考虑连通方式少了 35.44 个百分点,说明特大暴雨提高了淤地坝和下游沟道的泥沙连通程度,因而大大降低了淤地坝的拦沙效益。

刘晓燕等基于坝库拦沙作用进一步对黄河流域百年产沙情势进行了反演研究。根据潼关以上黄河流域淤地坝和水库的数量及其时空分布,进而计算了水库和淤地坝在不同时期的拦(引)沙量,反演了黄河流域过去 100 年的产沙情势变化过程。研究发现,20 世纪 70 年代是水库、淤地坝和灌溉工程拦(引)沙最多的时期,合计达 5 亿 t/a,之后逐步降低,2010—2019 年平均为 2.73 亿 t/a。还原水库和淤地坝拦沙量后 20 世纪 70 年代是过去 100 年中流域产沙最剧烈的时期;1980—1999 年、2000—2009 年和 2010—2019 年与 1930—1969 年相比,黄河流域的单位有效降雨量的产沙量分别降低 13%、54%、79%。若按 2010 年以来的淤积速率测算,至 2070 年前后,现有水库和淤地坝拦沙量约 4 000 万 t/a。

3. 生物结皮的减蚀作用

生物结皮(biological soil crusts)是由微细菌、真菌、藻类、地衣、苔藓等隐花植物及其菌丝、分泌物等与土壤砂粒黏结形成的复合物。生物结皮可以是单一物种(如苔藓等)结皮或多类物种形成的混合物结皮,是干旱半干旱区重要的地表覆盖类型,具有改良土壤、减蚀固土的作用。根据对砒砂岩覆土区苔藓结皮的观测,结皮层有机质含量平均值为 1.63 mg/kg,是裸地的 5.44 倍;全氮含量平均值为 0.58 g/kg,是裸地的 8.29 倍;全磷含量平均值为 1.23 mg/kg,是裸地的 1.54 倍。结皮层养分含量明显高于裸露地表,说明苔藓结皮层对养分的富集作用明显。

另据研究,生物结皮的生长发育可以有效地增强土壤抗蚀性能,且苔藓结皮效果优于混合结皮。随着结皮盖度的增加,土壤抗蚀性能增强。苔藓结皮发育的土壤,其饱和导水率、团聚体稳定性和综合性抗蚀指数均大于混合结皮。去除生物结皮层后,土壤紧实度、黏结力、饱和导水率、团聚体稳定性和综合性抗蚀指数均显著减小,而土壤可蚀性因子 K 值显著增大。随着生物结皮盖度的增大,土壤紧实度、黏结力、团聚体稳定性和综合性抗蚀指数呈增大趋势,而饱和导水率和土壤可蚀性因子 K 值则呈下降趋势。

1.2.1.5 放牧对侵蚀的影响

放牧是山区常见的一种人类活动,虽然通过退耕还林还草工程的实施,放牧现象已明显减少,但在个别地方放牧现象仍时有发生。放牧对草地生态系统的影响主要体现在对草地植被群落、土壤理化性质和土壤微生物的改变方面。研究发现,放牧对黄土高原草地植物多样性、土壤细菌丰度、放线菌丰度以及土壤微生物总丰度没有显著影响,但却显著降低了草地的生产力和土壤碳氮磷养分,明显增加了土壤容重、pH 和土壤真菌丰度。放牧强度和年平均降水量对草地生态系统有显著影响。对生态系统造成伤害的是无节制的重度放牧,而适宜的中度放牧不会对生态系统造成严重伤害,反而有利于维持植物地下部分的生长;轻度放牧有利于维持土壤水分和养分。在年均降雨量<300 mm 的干旱地区,放牧对土壤养分的扰动不严重。与禁牧草地相比,放牧草地的真菌丰度随年均降雨量的增加而增加,在年均降雨量为 300~400 mm 和>400 mm 时分别显著增加了 23.25%和 259.40%。放牧草地的放线菌丰度随年均降雨量的增加而降低,在年均降雨量为 300~400 mm 时增加了 21.24%,在年均降雨量>400 mm 时降低了 69.54%。可见,在湿润地区,放牧更容易改变土壤微生物的群落组成。

1.2.1.6 土地利用方式对侵蚀的影响

有研究者开展了不同土地利用方式对小流域侵蚀产沙影响研究。如以延河马家沟流域不同土地利用类型的洞儿沟(林地、草地)、阎桥(林地、草地、建设用地、耕地、果园和道路)和芦渠(梯田、林地、草地)等坝控面积相近、运用年限 9~13 年的 3 个小流域为例,研究发现多年平均产沙模数分别为 2 432.56 t/(km^2·a)、3 131.29 t/(km^2·a)、1 794.95 t/(km^2·a),以林地和梯田为主的芦渠流域多年平均产沙模数最小,而以具有建设用地、耕地的阎桥流域产沙模数最高,芦渠比阎桥小 42.68%,说明不同的土地利用方式对小流域侵蚀产沙影响是很大的。因此,科学合理规划土地利用空间格局、优化水土保持措施体系对减少水土流失是非常重要的。

1.2.2 土壤侵蚀预测预报模型与治理效益评价方法

1.2.2.1 土壤侵蚀预测预报模型

长期以来,土壤侵蚀预测预报模型都是国内外研究的重点和热点,尤其是面向流域尺度的基于侵蚀机制的土壤侵蚀模型,也一直是研究的难点。自 20 世纪 60 年代中期及 80 年代初美国分别推出经验的通用土壤流失方程 USLE、具有一定产沙机制概念的 WEPP 土壤侵蚀预报模型后,国内外大多是以这两类模型的建模原理、思想和基本架构为基础,建立了不少的经验模型、半经验半机制(理论)模型,包括美国推出的修正的通用土壤流失模型 RUSLE、SWAT 模型,我国刘宝元提出的中国土壤流失方程(CSLE)等都属于此类。可以说,几十年来国内外开发的土壤侵蚀模型不计其数,为不同地区不同时期的水土保持与生态治理规划、设计和实践提供了技术支撑。

近几年,我国针对土壤侵蚀预测预报模型的研发工作,无论是科研工作者还是政府主管部门,都给予了很大的关注。例如水利部推进的数字孪生流域、智慧水利建设,以及在国家自然科学基金、国家重点研发计划等科技计划中所列出的土壤侵蚀模型研发的相关专项,这无疑对我国土壤侵蚀模型研发工作起到极大的推进作用。

就黄河流域近两年的研究成果看，土壤侵蚀模型研发依然是水土保持、水文泥沙等领域的研究热点和难点之一。研发的土壤侵蚀模型有流域产输沙模型、淤地坝拦沙效益评价模型等，其中多数属于半经验半机制模型。

有研究者以黄河一级支流无定河流域为研究区域，基于水蚀动力过程的径流侵蚀能量理论，建立了年、月和次暴雨三种不同时间尺度下的基于径流侵蚀功率的流域输沙模型。李占斌等研究认为，在黄土高原地区，时间尺度越小，用径流侵蚀功率与输沙之间的关系越准确，在次暴雨尺度下，径流侵蚀功率输沙模型的模拟精度最高。

有研究者以偏关河偏关水文站以上流域和清涧河子长水文站以上流域为研究区，对RUSLE进行改进，建立了LCM-RUSLE坡面水沙联动模型。分布式LCM-RUSLE模型采用连续小时尺度时间序列对流域水沙过程进行模拟：LCM模型是基于黄土高原300多场次人工降雨试验开发的暴雨径流模型，考虑了植被截留作用，先后被集成到HIMS和EcoHAT系统中，用于计算产流；RUSLE方程用于模拟单次降雨产沙量。该模型中林草和梯田等水土保持措施对径流、泥沙量的影响主要通过增加植被截留、改变下渗、修改$C(P)$因子值而实现。改进的LCM-RUSLE坡面水沙联动模型考虑林草、梯田对上方来水来沙的拦蓄功能，在坡面汇流过程中增加林草模块和梯田模块。在改进的LCM-RUSLE坡面水沙联动模型中，整个流域被等流时线划分为若干个子流域等流时面，然后通过D8算法提取林草单元和梯田单元的集水区，计算林草和梯田在各自控制区域的拦水量，进而修订各子流域等流时面的出流量，模拟林草、梯田在坡面汇流过程中的拦水作用，以此构建“控制区域-等流时面-子流域”一体化坡面汇流系统；林草、梯田拦沙亦采用类似方法模拟。该研究所建立的模型能够反映下垫面显著变化（坡改梯和植被恢复）对径流（输沙）的影响。

1.2.2.2 治理效益评价方法

1.淤地坝拦沙效益评价

有研究者以十大孔兑之一的西柳沟流域为研究区域，基于SWAT模型，结合淤地坝特点，将模型自带的水库模型修正为淤地坝模块，建立能够用于评价淤地坝拦沙效益的模型。模型中采用SCS径流曲线方法计算地表径流，利用Penman-Monteith、Muskingum方法分别计算潜在蒸发和河道汇流，坡面侵蚀产沙计算采用改进的RUSLE方程。改进水库模块的主要思想是将所有的淤地坝都视为“不受控制的水库”，淤地坝泄水量的计算取决于淤地坝的容积，据此建立淤地坝水面面积与蓄水量的关系，并将丘陵区分为新建拦沙坝区、现状淤地坝控制区和未控区，通过计算不同类型拦沙坝调蓄后的径流量，与现状淤地坝控制区和未控区的产流量进行叠加作为丘陵区的产流量。假设现状淤地坝全部为空坝且均按设计标准发挥作用，以规划新建拦沙坝发挥效益为起始年份，当流域累积来沙量小于淤地坝/拦沙坝设计拦沙量时，淤地坝/拦沙坝发挥最大拦沙效益，即坝控范围内的来沙全部被拦蓄；当流域累积来沙量大于淤地坝/拦沙坝的设计拦沙量时，淤地坝/拦沙坝按设计拦沙量拦截来沙，未能拦截的来沙输送到下游，并与未控区的产沙量和流域其他区域的产沙量共同构成流域的总产沙量。

有研究者基于GIS和土壤侵蚀模数构建计算淤地坝逐年拦沙量的模型。建模的原理是首先利用USLE模型计算土壤侵蚀模数，考虑到研究流域年际的土壤侵蚀模数的差异主要受降雨侵蚀力因子 R、植被覆盖-管理因子 C 以及水土保持措施（水土保持措施包括了植被、工程、耕作因子，植被已另处理，耕作不考虑，此处仅考虑梯田措施）因子 P 的影响，故利用每年的 R、C 和 P 计算年际间的权重系数，据此分配骨干坝逐年拦沙量。然后分别取骨干坝、中型坝和小型坝平均控制面积为 5.00 km^2、1.28 km^2、0.70 km^2，再根据流域内有拦沙能力（未淤满）的骨干坝、中型坝和小型坝数量，计算三者的平均控制面积与淤地坝数量的乘积（可称为拦沙潜势），并求出与骨干坝的潜势之比（将其称为淤地坝淤积效应系数）。通过淤地坝淤积效应系数与骨干坝逐年拦沙量相乘，即可求得淤地坝总拦沙量。所建模型还预测了河口镇—潼关区间的骨干坝淤满的情势，认为在 2030 年将会有 53.08%完全淤满，在 2040 年将会有 77.49%完全淤满。

有研究者将淤地坝及其坝地视为一个动态水文系统，以淤地坝设计库容为界，将淤地坝全寿命周期分为设计库容以下、设计库容以上两个运用阶段。基于野外调查和监测数据，运用分布式水文模型 InHM（Integrated Hydrology Model）对黄土高原淤地坝控制下的小流域开展淤地坝拦沙效应的模拟，定量模拟和分析淤地坝全寿命周期内的拦水拦沙效率，并且综合模拟了淤地坝对流域地表水文过程和地下水补给在不同时间尺度上的影响，揭示了淤地坝的拦沙作用机制。通过设置在设计库容以下的不同淤积工况，模拟了淤地坝在该阶段（重淤积阶段）的拦水拦沙过程。模拟结果表明，在重淤积阶段，淤地坝的拦水拦沙作用由坝体主导的阻水拦沙逐渐转变为坝地主导的滞水落淤，坝地作为冲积扇地形，对洪水过程起到有效的减速作用；在淤积量达到设计库容的情况下，坝地对洪水过程的削峰滞洪效率平均约为 7.67%。淤地坝系统的拦沙效率主要体现在两个方面：一是坝地的滞水落淤引起的主坝地沉沙，即直接沉沙效率；二是库尾及支沟—坝地交界处的尾水段引起的壅水落淤，即间接减蚀效率。随着淤积的加剧和坝地的扩张，淤地坝系统的直接沉沙效率逐渐减弱但仍不可忽视，间接减蚀效率会逐渐增强，此现象使得淤地坝在设计库容以外还存在一个不稳定的额外库容。

淤地坝在低强度和中等强度降雨下，分别能在设计库容以上形成“近似梯形”和“近似直角三角形”的淤积剖面，且淤积层的大小和稳定性随雨强的增大而减小，淤积过程主要发生在库尾区域，而冲刷过程主要发生在坝地中段及近坝区域。淤地坝在高强度和极端强度降雨下，难以形成稳定的额外淤积层，此时在坝地影响区域内以泥沙冲刷为主。

另有研究表明，建成初期的淤地坝能大幅地将地表径流存储至坝地库区“地下水库”中，可以有效地将淤地坝上下游河道的地下水位平均抬升 3~5 m，对处于半干旱地区的黄土高原小流域具有重要的农业价值和生态价值。

2. 区域水土保持与生态治理效益评估方法

“多目标决策灰色关联投影法”是近年来用于评价生态治理效益的方法之一。灰色关联投影法能够避免单方向偏差，即可以避免只将各方案的单因素指标值进行比较而引出的偏离，从而全面分析了指标间的相互关系，反映了整个因素指标空间的影响。

水土保持率是评价治理程度的新概念，关于其计算方法的研究相对较少。有研究者以皇甫川流域为研究区，提出了水土保持率的计算方法如下：

$$\text{水土保持率现状值}=\text{区域内土壤侵蚀强度在轻度以下的现状国土面积}/\text{区域国土面积}\times100\% \tag{1-1}$$

水土保持率阈值=区域内水土保持状况良好面积的上限/区域国土面积×100%

(1-2)

水土保持率现状值计算的关键是确定土壤侵蚀强度在轻度以下的现状国土面积，为此需要首先计算水土流失面积即轻度及以上各级强度土壤侵蚀面积，然后从区域国土面积中扣除水土流失面积，即可得到区域内土壤侵蚀强度在轻度以下的现状国土面积。水土保持率阈值计算的关键是确定区域内水土保持状况良好面积的上限，以现状基准年水土流失面积为基础，结合研究区实际情况，首先确定远期目标年不需要治理和不可完全治理的水土流失面积，然后从区域国土面积中扣除不需要治理和不可完全治理的水土流失面积，即可得到区域内水土保持状况良好面积的上限。

1.2.3　水土流失与生态治理技术

1.2.3.1　**砒砂岩区生态综合治理关键技术**

由于砒砂岩覆土区、覆沙区和裸露区的植被、地形地貌、气候、侵蚀等具有明显的差异，因此需要根据不同区域的突出生态问题，实施不同的治理技术和治理模式。

1. 覆土区二老虎沟流域治理技术与模式

二老虎沟流域面积 0.84 km^2，建设的生态综合治理措施配置体系为：坡顶梯形截流沟网，间作林果甘草；坡面陡坎注浆固结，缓坡灌草抗蚀植生；沟底砒砂岩改性谷坊-沙棘酸枣植物柔性坝；沟口砒砂岩改性材料淤地坝，用于滞洪拦沙淤地(见图 1-5)。

图 1-5　二老虎沟示范流域航拍图

治理技术模式包括：

(1)砒砂岩改性材料谷坊、植物柔性坝等沟道综合治理工程。

(2)坡顶径流截蓄利用及生态林果经济示范园。

(3)坡面固结植生综合治理工程。

(4)陡坡块体状重力侵蚀注浆固结措施。

通过治理技术的实施，已经形成了相对完善的固结植生材料-工程-生物措施立体配置技术体系。

2. 裸露区什布尔太沟流域治理技术与模式

什布尔太沟流域面积 1.65 km^2,建设的生态综合治理措施配置体系为:坡顶沟网纵横拦水,灌草混交;坡面陡坡注浆固结,缓坡篱灌藤草封坡;沟底改性材料谷坊、塘坝,结合灌草植物柔性坝(见图 1-6)。

图 1-6 什布尔太沟示范流域航拍图

治理技术模式包括:

(1)砒砂岩改性材料谷坊、植物柔性坝沟道治理措施。

(2)全坡面固结植生综合治理工程。

(3)陡坡块体状重力侵蚀注浆固结措施。

(4)坡顶径流自翻盖集流设施、坡顶灌草综合治理措施。

(5)坡顶林果生态经济示范园。

3. 覆沙区特拉沟流域治理技术与模式

特拉沟流域面积 0.20 km^2,建设的生态综合治理措施配置体系为:坡顶等高挖沟,沟间种植沙柳甘草,沟间草障固沙,竖向节节设池蓄渗,地衣结皮护埂;沟坡草灌结合,辅以灌浆固沟;沟下灌草封沟(见图 1-7)。

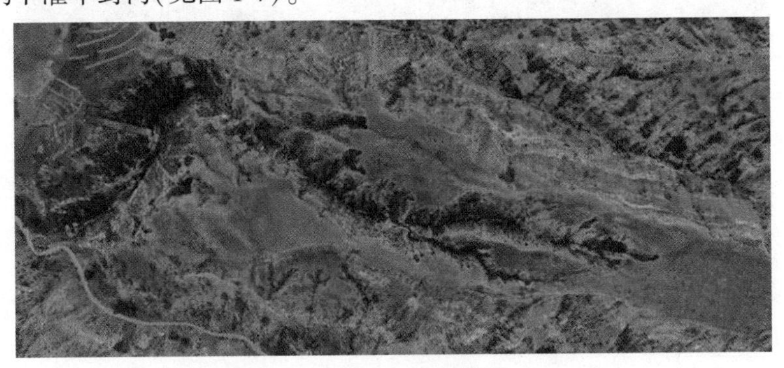

图 1-7 特拉沟示范流域航拍图

治理技术模式包括:

(1)坡顶沙柳+甘草+草被防风固沙措施。

(2)柠条甘草套种固沙增收、地衣结皮护埂综合治理措施。

(3)等高截渗竹节水平沟+截渗集水池。

(4)重力侵蚀注浆固结措施。

(5)砒砂岩改性材料谷坊、植物柔性坝及灌草封沟综合治理沟道侵蚀措施。

(6)全坡面固结植生材料-生物措施配置示范工程。

1.2.3.2 砒砂岩区块体状重力侵蚀治理技术

坡面上部点少量大的块体状重力侵蚀主要是由于砒砂岩岩层中存在的竖向裂隙造成的,采用高聚物浆液实施裂隙注浆加固。其工艺原理是通过注射设施系统和注浆导管,向裂隙中注射双组分高聚物浆液,高聚物浆液被注入裂隙中之后,迅速发生化学反应,充填整个裂隙,从而封闭水流通道,避免水流下渗对裂隙面的侵蚀,阻止裂隙下切,同时借助高聚物浆液固化后所产生的黏结力,使裂隙两侧岩块黏接在一起,紧固裂隙,提高临坡面岩块的稳定性。

1. 高聚物渗透注浆

针对红色砒砂岩孔隙率高、侵蚀速度快的特点,采用低黏度型高聚物浆液对其实施渗透注浆加固。其工艺原理是通过注射设施系统和注浆导管,将双组分高聚物浆液注射到待加固的红色砒砂岩内,浆液发生化学反应,沿砒砂岩孔隙渗透扩散,填塞孔隙,挤密土体,固化后形成胶结骨架,阻断水汽渗入,增强红色砒砂岩的整体性、强度和抗风化能力,避免上部白色砂岩失去支撑进而发生崩塌(见图1-8)。

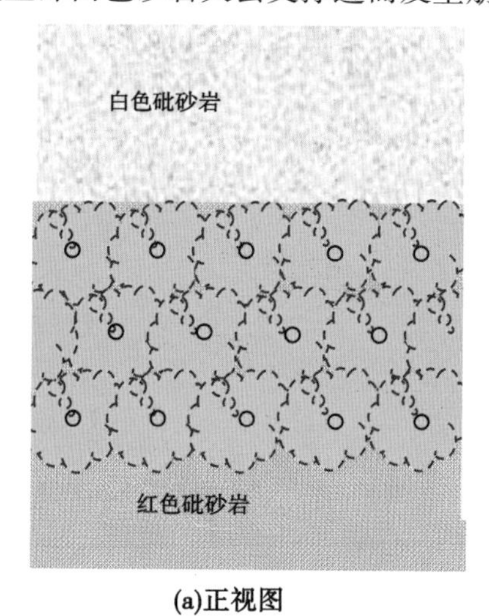

(a)正视图

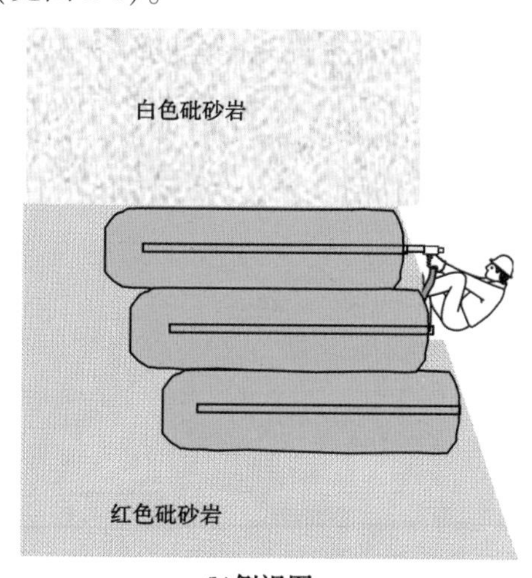

(b)侧视图

图1-8 高聚物渗透注浆示意图

2. 高聚物裂隙注浆

针对白色砒砂岩层中存在的竖向裂隙,采用高膨胀型高聚物浆液实施裂隙注浆加固(见图1-9)。其工艺原理是通过注射设施系统和注浆导管,向裂隙中注射双组分高聚物浆液,高聚物被注入裂隙中之后,迅速发生化学反应,充填整个裂隙,从而封闭水流通道,避免水流下渗对裂隙面的侵蚀,阻止裂隙下切,同时借助高聚物浆液固化后所产生的黏结力,使裂隙两侧岩块黏接在一起,提高临坡面岩块的稳定性。

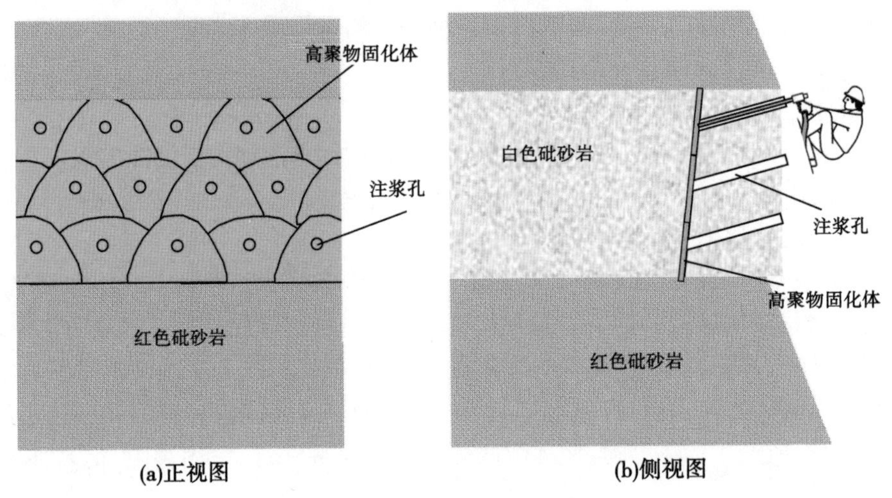

图 1-9　高聚物裂隙注浆示意图

3. 高聚物锚固注浆

针对与母体分离或有分离趋势的临坡面础砂岩块体,采取高聚物固结注浆+锚孔加注的措施(见图 1-10)。其工艺原理是利用钻机向础砂岩块体中钻孔,钻孔深入稳定岩体内部,然后向锚孔内放入中空锚筋,通过注射设施系统和注浆导管,向锚孔内注射双组分低膨胀高聚物浆液,浆液发生化学反应,利用浆液固化后的锚固作用所产生的抗拔力,为临坡面础砂岩块体提供抗倾覆力,从而提高其稳定性,避免失稳后发生崩塌。

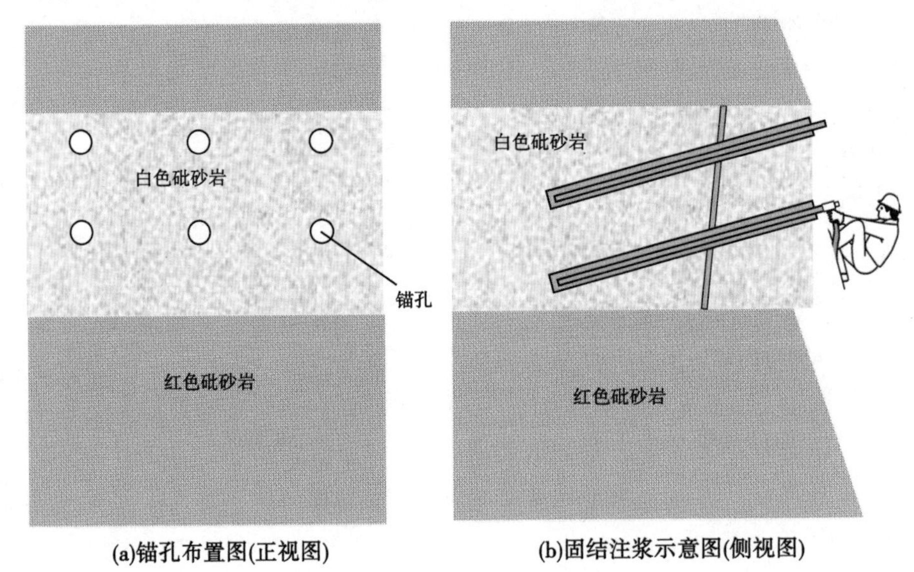

图 1-10　高聚物锚固注浆示意图

1.2.3.3　砒砂岩改性材料谷坊

一般在小流域二级沟道内可以间隔约 50 m 设置一座砒砂岩改性材料谷坊,用于拦截沟道泥沙。由于砒砂岩遇水崩解,不能直接作为修建谷坊或淤地坝的建筑材料,为此,通过在砒砂岩中添加金属阳离子等改性物质,以增加砒砂岩的黏性并改善其结构,提高砒砂岩强度,进而开发出砒砂岩改性材料。

改性材料谷坊应布设在坡度平缓、库容较大、水流速度较缓的地方,谷坊一般底宽 3 m、顶宽 0.5 m、高 2 m 左右。

谷坊建设坝基填筑时要求土料的含水量在 15%~18%且均质,沿坝轴线方向铺土,每铺土 0.3 m 即人工夯实。坝基填好后即进行坝体填筑,将备好的砒砂岩原岩按比例均匀喷洒增黏抑膨改性材料搅拌均匀,每铺 0.3 m 后用人工夯实机或小型机械进行碾压至设计土料干容重,然后将土体表面刨毛、洒水后再进行第二层的铺填,往上依次进行,直至达到谷坊坝体的最大高度,坝体高程要留有足够的沉陷值;对于机械碾压不到的地方可用人工夯实机进行处理。改性谷坊修筑完成后要进行整形,局部高出部分要刮平,低洼部分要填平,坝顶要做成田字格种植植物防治水土流失,坝体背水面也可以撒播草籽防止水土流失。谷坊建设好后表面要喷施固结材料进行固结。

1.2.3.4　高寒阴湿地区水土流失治理模式

根据下垫面特征,有研究者提出了高寒阴湿地区水土流失治理模式:耕地区域采用“免耕种草综合配置技术、青稞-油菜与油菜-燕麦轮播”模式;林地区域采用“围栏造林+林下植草+高效节灌”模式;草地区域采用“围栏种草+节水灌溉+保水施肥”模式;林地-草地-耕地交错区采用“乔木+灌木+生态草地+简单工程的多生物耦合互补”模式;水蚀冻融侵蚀交错区采用“防渗+排水-植草覆盖”模式;生产建设项目区可选择采用“剥离-养护-回铺,拦挡-苫盖-恢复”“换填-挡护-排导,深挖-高挡-低排”“排水、植草为主,拦挡、苫盖为辅,临时、永久结合”等模式。

1.2.3.5　半干旱贫困区水土资源高效利用模式

半干旱黄土丘陵区降水较少,蒸发强烈,水资源短缺,农业发展落后,也是黄河流域比较集中的贫困区。为此,有人通过实践探索,提出了以水资源高效利用为核心,通过对自然降雨的科学管理缓解流域干旱,采用集雨节灌使自然降雨就地入渗,减少水土流失,从而改善流域内生态、农业环境,形成了半干旱贫困区水土资源高效利用模式。

该模式以坡面和村庄道路治理为主。坡面治理上,对坡度 25°以上的区域,全面退耕还林还草;在沟坡区,修建构造鱼鳞坑、水平沟、水平阶等工程整地措施,结合植物措施构建蓄水固土为主要目的的水土保持措施体系。从当地实际水分条件出发,在坡度较大的区域,采取水平沟、水平阶等工程措施整地,营造以灌木为主的灌草间作,改善土壤水分和养分条件,为坡面的稳固防护体系建立提供基础;在坡度较缓的区域,配合整地措施,种植密度适中的油松、山杏等优势抗旱植物。农田区建设以坡改梯为核心,全面改造坡耕地为梯田。同时推广粮食地膜种植等旱作农业适用技术,配套抗旱集雨节灌工程,建立“两高一优”(高产、高效、优质)农业,将当地农业生产从广种薄收向少种高产优质多收发展,解决当地的贫困问题。通过修建排水渠、涝池、水窖等集水蓄水措施来拦蓄降水,解决人畜用水与农田灌溉,发展庭院经济,充分高效地利用该区域的水资源,进而提高当地的农业生产力水平,充分改善当地农业的生态环境,减缓人地之间的矛盾。

综合黄土高原不同流域水土流失治理模式来看,存在众多共同点,这是由相似的自然地理特征和生态环境问题所决定的。从模式目标上看,黄土高原水土流失治理的终极目的都是改善环境,创造人与自然和谐可持续发展的环境,从而改善人类生存和发展空间;从治理技术上看,径流调控都是流域水土流失治理的核心,都是通过林草措施和工程措施相互配合来改善生态环境的技术手段,通过梯田、淤地坝等工程措施发展经济。措施的布设基本上都是以村庄为中心向外辐射,靠近村庄的多布设为交互型措施,例如梯田、经济林;远离村庄的为恢复型,例如封禁、生态林。但在不同的小流域环境下,水土流失治理模式有不同的表现形式,其治理模式存在差异性。在治理技术上,降雨多少区分了水土保持工作中流域径流调控的内涵,降雨较为充沛的流域强调蓄水、保土更多,降雨少的流域更加强调水资源调控和保水。在目的上,根据当地环境构建不同的特色发展方向,不同流域细分为不同需求,例如水土流失治理型、山地灾害防护型、经济开发型等,治理上各有重心。

1.2.4 水土保持与生态治理的监测技术

土壤侵蚀模数的监测大多利用径流小区试验的方法。随着3S技术的发展,目前在流域尺度上不少人利用3S技术和代表性小流域观测资料估算土壤侵蚀模数。一般的方法是通过遥感图像解译,得到土地利用和植被覆盖参数,利用数字化等高线地图建立DEM,计算坡度及其分级。然后将重新分类后的土地利用、植被覆盖和坡度专题图叠加,并参考小区侵蚀模数试验结果,利用栅格计算器估算每个地块的侵蚀模数。

1.3 面临的问题与研究展望

1.3.1 面临的问题

经过70多年的大规模持续治理,黄土高原水土流失得到有效控制。但是在大规模的水土流失治理过程中也出现了一些新的问题。

(1)局部区域人工植被覆盖度已超越地区水分承载力阈值,带来土壤干旱化问题。

植树造林是黄土高原水土流失治理植被恢复的主要手段。黄土高原地处大多属于干旱、半干旱区,土壤水分是植被生长的直接水分来源,若人工植被覆盖度超过一定阈值,植被对土壤水分的长期消耗将超出降水的补给,带来土壤环境干旱化和大面积衰退等问题。黄土高原整体植被恢复潜力(覆盖度)约为70%。2020年黄土高原植被覆盖度为65%,其中,黄土高原东南部子午岭、黄龙山林区等区域植被覆盖度已达到90%以上,接近或超过该地区最大恢复潜力。降水条件是黄土高原植被恢复的主要限制因子,黄土高原植被恢复应“因水制宜”。但目前在一些地区植被恢复措施与当地的降水条件不匹配,宜以封禁措施为主的区域大规模植树造林,出现“年年种树不见树”“小老头树”等现象。

(2)黄土高原水土流失治理区域不均衡。

现有黄土高原综合治理格局空间不均衡，亟待优化调整。依据区域自然特征与侵蚀环境，黄土高原划分为黄土丘陵沟壑区、黄土高塬沟壑区、风沙区等9大类型区，不同区域适宜不同的水土流失治理措施。但目前黄土高原水土流失治理的目标及施行措施尚缺乏分区分类统筹。宜封禁恢复草灌的区域却过度植树，宜平衡人粮矛盾的地区却梯田化不足，宜拦沙减蚀的流域却淤地坝工程缺失，而城镇化率高的地区却大规模坡改梯，生态环境趋好的流域却沟系布坝过密等，导致区域治理不平衡。

(3)水土保持与经济社会发展融合度不足，水土流失治理有待提质增效。

多年来，黄土高原以小流域为单元的综合治理成效显著，减少了入黄泥沙，但同时也存在与当地富民生态产业兼顾不足，山区放牧、退耕还林反弹现象时有发生，水土保持成果巩固任务较重等问题。这也显示出以减缓水土流失和增加粮食供给能力为主要目标的传统水土流失治理模式，存在着目标单一、与经济社会发展融合度不足等短板，水土流失治理对农民收入增加贡献比例不高，使农民获得感不强。总体而言，水土流失治理与黄河流域高质量发展的目标要求还存在一定距离，亟待探索“既要绿水青山又要金山银山”的高质量发展的理论与实现路径。

1.3.2　应对建议

(1)开展高风险低治理区水土流失专项调查。

在全国水利普查/地方水土流失普查及土壤侵蚀动态监测的基础上，对一些具有高风险和亟待治理的区域和部位(例如低治理区、极度脆弱生态区、坡耕地、沟坡等低植被覆盖、砒砂岩区、黄土沟坡、风蚀水蚀交错区、塬边)进行专项详查，重点了解黄土高原存在强烈侵蚀潜在风险的区域或地带；了解低治理区的生态退化程度、黄土高原沟道重力侵蚀规模及其时空分布，定量评估未得到有效治理的沟坡潜在侵蚀量；了解与评估治理措施配置与区域布局的合理性，发现治理的薄弱环节，搞清楚水土流失治理的攻坚点和难度，提出对策建议，以便制定切实可行的治理规划，以达到精准治理。

(2)高度重视黄土高原现状植被维护。

淤地坝在近20年的年均拦沙量只有1.48亿t/a，且目前大多已失去拦沙能力，即使在产沙最剧烈、有效淤地坝最多的20世纪70年代年均拦沙量也只有2.15亿t/a。梯田是遏制产沙的好措施，但可增建梯田地区的减沙潜力不大。现状植被的减沙贡献接近下垫面总减沙量的50%，但植被极易被人畜破坏，因此控制现状林草植被不退化甚或有所改善，是维持入黄沙量在低位水平的关键，应成为未来水土流失管控的首要任务。

然而，近年实地调研发现，随着植被大幅改善，一些地方对牲畜的管控有所松懈，甚至在4—5月就看到许多羊群游弋在梁峁，这对生态环境脆弱的黄土高原绝非福音。建议：①制定面向农户的林草植被覆盖度考核目标，并借助遥感手段组织实施，促使农牧民主动放弃4—8月的放牧行为。8月下旬以后，应允许放牧，以提高农民收入、缓解冬春防火压力。②结合乡村振兴和生态保护，或实施生态移民，或在村旁建设可以蓄水的淤地坝，并种植可兼顾经济发展和环境优美的牧草或乔灌林，为维护现有林草植被创造条件。

(3)重视特殊地区沟壑产沙控制技术与措施创新。

清水河上中游、马莲河上游、无定河和北洛河的源头区、祖厉河中下游等地区,是目前产沙模数较高的地区,以马莲河洪德以上地区为例,在没有发生大暴雨的2010—2019年,其实际产沙模数仍达到4 800 t/(km^2·a)。以上区域有两个共同特点:一是均属于以沟壑产沙为主的黄土丘陵沟壑区第Ⅴ副区,此类地区大部分泥沙产自中部盆地的河(沟)岸崩塌或滑坡,是黄土高原沟壑产沙最剧烈的地方,入沟径流是产沙动力;从支毛沟到干沟和河道,随着汇入水量的增加,产沙强度逐级增大。二是大部分地区的人口密度不大,如甘肃省环县的现状人口密度仅34人/km^2,显然靠坝库拦沙是暂时的,当地对梯田的需求也很有限,因此建议通过工程措施阻止径流下沟,并鼓励径流就地利用;对川掌地周边的黄土丘陵,应通过封禁促使"荒草"生长,以减少产流。

(4)科学确定黄土高原水土流失分区治理度,分类优化调整水土保持措施。

黄土高原水土流失治理与生态建设中,林草植被、梯田及淤地坝等措施的减沙作用都具有临界效应。一方面黄土高原水土流失治理不可能将泥沙减到零或较低的数值;另一方面林草植被、梯田及淤地坝等措施也要有一个治理度,超过了这个度,水土保持的边际效益就很低。从干流河道来看,如果中游水土保持措施将入黄泥沙减至很少甚至接近于清水状态,黄河中下游河道将面临剧烈冲刷、畸形河湾发育等诸多威胁防洪安全的问题,黄河河口也将面临海岸蚀退、海水入侵等诸多威胁河口生态环境与稳定的问题。为此,从流域和河道系统的角度来看,黄土高原水土流失治理需要有一个合理的"度",以实现流域产沙和河道输沙的相对平衡。建议根据黄土高原9大类型区的特点和水土保持效果临界状态阈值等,科学确定分区域的水土流失治理度,并结合分区域水土保持现状,因地制宜地调整黄土高原治理格局。

(5)创新水土流失治理投入机制。

进一步探索建立多渠道、多元化的水土流失治理投入机制,在加大中央投资力度的同时,将水土保持生态建设资金纳入地方各级政府公共财政框架,并鼓励社会力量通过承包、租赁、股份合作等多种形式参与水土保持工程建设,引导民间资本参与到水土流失治理之中,提高治理效益,促进产业发展,改善人居环境,使治理成果更好地惠及群众。

1.3.3 研究展望

黄河重大国家战略的实施,对水土保持与生态治理实践提出了新的更高要求,与此同时水土保持与生态治理理论与技术研究也面临更多新的课题。

遵循黄土高原地区植被地带分布规律,因地制宜,合理采取生态保护和修复措施,加强黄土高原水蚀风蚀交错区水土流失综合治理,是黄河重大国家战略的重大目标之一。因此,开展黄土高原水土保持综合治理空间均衡性,植物群落结构和生态功能区域分异与演变规律,人工林对水土保持功能、景观格局和生物多样性保育功能的影响机制,基于系统功能权衡的人工林结构调控技术,黄土高原水土保持措施体系景观格局优化配置技术,以及水蚀风蚀复合侵蚀规律与治理技术研究对于实现黄河重大国家战略提出的突出抓好水土保持的目标任务具有重要意义,也将成为今后研究的重点。

目前在复合侵蚀规律研究方面,关于风水侵蚀作用效应的研究居多,有的重复关注风水复合过程中风力的驱动作用与效应,也有基于地形地貌空间结构分异特征、植被生境和群落分异特征及侵蚀时空分异特征,解析地貌-植被-水蚀耦合机制。由于冻融、风蚀只有在水力、重力等驱动因子的复合作用下才能对侵蚀产沙过程发生显著影响,因此对多动力交互侵蚀的叠加效应方面的研究近年来不断增加,正处于一个由风水复合侵蚀模型向多动力交互侵蚀的叠加效应作用模型转变的过程,这是生态脆弱区最为前沿的研究方向之一。

关于梯、林、草、坝调控作用的研究方面,大多研究成果都是从减水减蚀减沙效益方面揭示水土保持措施的作用机制及其贡献率的,但却较少从侵蚀动力学、水沙运动力学和植物冠根动力学融合的角度研究其对侵蚀产沙的阻控作用机制,也缺乏研究水土保持措施体系多措施协同调控机制及其措施体系的内生作用关系,更缺乏从景观格局的层面研究水土保持措施体系配置理论与技术;同时,对基于生态适宜性的黄土高原分区土壤、地质、水文、气候等对人工植被空间配置类型与结构的承载潜力等方面的研究更是不够,这些均是实现水土保持高质量发展的制约性科学问题。

在生态治理技术与模式的研究及应用方面,几十年来黄土高原经历了不同的发展阶段(见表1-2)。最新研究成果提出了小流域高新材料-工程-生物措施与坡顶-坡面-沟道系统相适配的立体配置模式;区域综合治理也逐渐更加注重践行“绿水青山就是金山银山”的理念,措施体系的配置注重了兼具减蚀减沙和生态经济协同发展的功能,强调了山水林田湖草沙系统治理和对生态系统整体保护、系统修复。其中,全面体现山水林田湖草沙一体化治理和实现生态衍生产业协同发展的生态治理理论与关键技术研究目前处于前沿阶段。

表1-2 黄土高原过去70年生态治理模式发展阶段

时间段	20世纪50—60年代中期	20世纪60—70年代末期	20世纪80—90年代末期	2000—2010年	2011—2016年	2017年至今
治理模式	坡面治理	沟坡联合治理	小流域综合治理	退耕还林还草	退耕还林还草、治沟造地	退耕还林还草、治沟造地、山水林田湖草沙治理、乡村振兴、工程建设
主要目的	控制坡面侵蚀、增加粮食产量	控制坡-沟侵蚀、拦截泥沙、增加粮食产量	控制坡-沟侵蚀、拦截泥沙、增加粮食产量、改善生态环境	改善生态环境、降低土壤侵蚀、提高粮食产量、增加农民收入	改善生态环境、降低土壤侵蚀、提高粮食产量、增加农民收入	景观格局优化、产业结构调整、生产生活方式转变
主要措施	梯田、植树造林	梯田、淤地坝、植树造林	梯田、淤地坝、植树造林、自然修复	自然修复、骨干坝、植树造林、梯田	取土填沟、自然修复、骨干坝	重点流域综合整治、生态循环经济建设、宜居美丽乡村建设
发展规律	工程治理为主	工程治理为主	工程治理开始向生物治理转变	自然修复和生物治理为主	工程治理与生物治理相结合	综合协同治理为主

为了主动应对新时期水土保持所承担的使命和面对的挑战,迫切需要进一步突破现有黄河流域水土流失与生态治理在科学理论与工程应用技术方面存在的制约性问题,破解水土保持在黄河流域生态环境保护与持续改善、稳定减少入黄泥沙、助力经济高质量发展方面的理论与技术瓶颈,建议重点解决以下主要关键科学问题:

(1)鄂尔多斯高原砒砂岩区多动力复合侵蚀过程及其与生态退化的关系。

研究砒砂岩区多动力复合侵蚀时空分异规律,解析多因子复合侵蚀与生态退化耦合作用机制,定量揭示多动力驱动下复合侵蚀对植被退化的影响作用及响应关系,辨析砒砂岩覆沙区、覆土区、裸露区水力-风力-冻融复合侵蚀链对生态系统退化的驱动机制,诊断生态系统退化过程及程度,创新研发砒砂岩区生态综合治理技术与模式。

(2)黄土高原沟坡重力侵蚀规律及治理关键技术。

研究黄土高原不同类型区沟坡重力侵蚀分布特征与主导驱动因子,揭示沟道重力侵蚀发生发展动力机制,阐明重力侵蚀发生的动力临界条件,辨识沟道侵蚀与坡面侵蚀互馈关系,分析坡面治理与沟道治理的叠加效应与级联关系,创新研究黄土高原沟壑整治技术与措施。

(3)基于水土资源可持续利用的黄土高原生态修复潜力与维持机制及关键技术。

研究黄土高原不同类型区影响生态承载力的因素及其作用,分析生态系统与水文过程之间的作用机制,定量研究砒砂岩区生态系统稳定性机制及水土资源刚性约束下的生态承载力,揭示基于水量平衡及土壤侵蚀环境制约条件下生态承载力维持提升机制,判别提升阈值及其受制的主导因子,实现水土资源的可持续利用和生态环境的可持续保护与改善双目标。

(4)极端暴雨情景下黄土高原水土保持措施减蚀减沙动力机制及坝系拦沙抗灾效益。

构建极端暴雨情景下黄土高原水土保持措施减蚀减沙的作用过程模型,分析各因子的作用贡献,揭示其内在动力机制,确定区域尺度坝系拦沙抗灾效益计算方法和灾害演化过程,优化不同区域的坝系空间布局。

(5)黄土高原生态治理-经济协同发展和生态服务功能提升范式与关键技术。

分析不同水土流失区水土保持生态产业的适宜性,集成研发极具生态效益和经济效益的复合水土保持产业发展技术与模式,探索黄河流域生态屏障和经济地带的空间协同关系,构建水土保持与生态产业相配套、经济发展与生态服务功能保护提升相融合的技术体系及相关保障体系,研发生态修复-脱贫致富统筹推进的水土保持关键技术及其范式。

(6)黄河流域水土保持动态全覆盖精准快速自动化智能化监测监管关键技术。

建立以生态优先为原则、多目标多层次的水土保持监测评价指标体系,开展基于大数据的水土保持监测多元化数据关联分析与评估,形成能够满足科研、国家监管需求的黄河流域水土流失综合监测、大数据同化及评估、预测和预警平台,提供水土流失防控方案优化决策与监管对策智库的自动化智能化技术支持。

(7)黄河流域砒砂岩区山水林田湖草沙一体化综合治理理论与关键技术。

研究砒砂岩覆沙区、覆土区、裸露区水力-风力-冻融复合侵蚀链对生态系统退化的驱动机制，诊断生态系统退化过程及程度，研究砒砂岩区山水林田湖草沙生态系统内生关系及互馈作用，基于山水林田湖草沙完整生态系统的观点，研发多动力交互作用下风沙水沙关键过程阻控技术、山水林田湖草沙生态系统功能协同提升关键技术，提出砒砂岩区山水林田湖草沙综合治理与绿色发展融合模式和途径。

参考文献

[1] 白娟，张亦弛，杨胜天，等. 林草和梯田措施对小流域降雨-径流-输沙过程的影响分析[J]. 地理与地理信息科学，2021，37(6)：92-101.

[2] 陈祖煜，李占斌，王兆印. 对黄土高原淤地坝建设战略定位的几点思考[J]. 中国水土保持，2020(9)：32-38.

[3] 傅伯杰，欧阳志云，施鹏，等. 青藏高原生态安全屏障状况与保护对策[J]. 中国科学院院刊，2021，36(11)：1298-1306.

[4] 傅伯杰. 构建统一的自然资源调查监测体系支撑“山水林田湖草沙”统一管理与系统治理[J]. 青海国土经略，2020，45(6)：26-27.

[5] 傅伯杰. 黄土高原土地利用变化的生态环境效应[J]. 科学通报，2022，67(9)：11.

[6] 高云飞，刘晓燕，韩向楠. 黄土高原梯田运用对流域产沙的影响规律及阈值[J]. 应用基础与工程科学学报，2020，28(3)：535-545.

[7] 郭晖，钟凌，郭利霞，等. 淤地坝对流域水沙影响模拟研究[J]. 水资源与水工程学报，2021，32(2)：124-134.

[8] 黄河水利委员会. 黄河流域水土保持公报(2020 年)[R]. 2022.

[9] 黄婷婷，史扬子，曹琦，等. 黄土高原六道沟小流域近 30 年来土壤侵蚀变化评价[J]. 中国水土保持科学，2020，18(1)：8-17.

[10] 贾涛涛，廖李容，王杰，等. 基于 meta 分析的放牧对黄土高原草地生态系统的影响[J]. 草地学报，2022，30(10)：2772-2781.

[11] 黎鹏，张勇，李夏浩祺，等. 黄土丘陵区不同退耕还林措施的土壤碳汇效应[J]. 水土保持研究，2021，28(4)：29-33.

[12] 李宁宁，张光辉，王浩，等. 黄土丘陵沟壑区生物结皮对土壤抗蚀性能的影响[J]. 中国水土保持科学，2020，18(1)：42-48.

[13] 李中恺，李小雁，周沙，等. 土壤-植被-水文耦合过程与机制研究进展[J]. 中国科学：地球科学，2022，52(11)：2105-2138.

[14] 刘冉，余新晓，蔡强国，等. 坡长对坡面侵蚀、搬运、沉积过程影响的研究进展[J]. 中国水土保持科学，2020，18(6)：140-146.

[15] 刘晓燕，党素珍，高云飞，等. 黄土丘陵沟壑区林草变化对流域产沙影响的规律及阈值[J]. 水利学报，2020，51(5)：505-518.

[16] 刘晓燕，党素珍，高云飞. 极端暴雨情景模拟下黄河中游区现状下垫面来沙量分析[J]. 农业工程学报，2019，35(11)：131-138.

[17] 刘晓燕，高云飞，田勇，等. 黄河潼关以上坝库拦沙作用及流域百年产沙情势反演[J]. 人民黄河，2021，43(7)：19-23.

[18] 吕渡，张晓萍，刘宝元，等. 黄土高原不同土地利用方式分层植被的盖度差异[J]. 水土保持通报，2022，42(5)：165-173.

[19] 穆兴民，李朋飞，刘斌涛，等. 1901—2016 年黄土高原土壤侵蚀格局演变及其驱动机制[J]. 人民黄

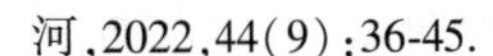

河,2022,44(9):36-45.

[20] 饶良懿,徐也钦,胡剑汝,等.砒砂岩覆土区小流域土壤可蚀性 *K* 值研究[J].应用基础与工程科学学报,2020,28(4):763-773.

[21] 申震洲,姚文艺,肖培青.黄河流域砒砂岩区地貌-植被-侵蚀耦合研究进展[J].水利水运工程学报,2020(4):64-71.

[22] 盛贺伟,郑粉莉,蔡强国,等.降雨强度和坡度对粘黄土坡面片蚀的影响[J].水土保持学报,2016,30(6):13-17,23.

[23] 孙一,田勇,刘晓燕,等.坡面水流流速对贴地植被的响应特性试验研究[J].工程科学与技术,2019,51(2):85-89.

[24] 魏梦美,符素华,刘宝元.青藏高原水力侵蚀定量研究进展[J].地球科学进展,2021,36(7):740-752.

[25] 魏艳红,焦菊英.黄土丘陵沟壑区不同土地利用方式下小流域侵蚀产沙特征[J].水土保持学报,2021,35(3):96-103.

[26] 肖培青,吕锡芝,张攀.黄河流域水土保持科研进展及成效[J].中国水土保持,2020,41(10):6-9,82.

[27] 谢梦瑶,任宗萍,李占斌,等.砒砂岩区小流域场次洪水产流产沙特征[J].水土保持研究,2020,27(5):45-49,58.

[28] 杨春霞,姚文艺,肖培青,等.植被覆盖结构对坡面产流产沙的影响及调控机制分析[J].水利学报,2019,50(9):1078-1085.

[29] 杨丽娟,王春梅,张春妹,等.基于遥感影像研究极端暴雨条件下新成切沟发生发展规律[J].农业工程学报,2022,38(6):96-104.

[30] 杨媛媛,李占斌,高海东,等.大理河流域淤地坝拦沙贡献率分析[J].水土保持学报,2021,35(1):85-89.

[31] 姚文艺,高亚军,张晓华.黄河径流与输沙关系演变及其相关科学问题[J].中国水土保持科学,2020,18(4):1-11.

[32] 姚文艺,刘国彬.新时期黄河流域水土保持战略目标的转变与发展对策[J].水土保持通报,2020,40(5):333-340.

[33] 姚文艺,申震洲,肖培青.黄河砒砂岩区生态治理-衍生产业协同发展关键技术与应用[R].郑州:黄河水利委员会黄河水利科学研究院,2021:110-287.

[34] 姚文艺,肖培青,张攀.补强砒砂岩区治理短板 筑牢黄河流域生态安全屏障[J].中国水土保持,2020,34(9):61-65.

[35] 姚文艺.新时代黄河流域水土保持发展机遇与科学定位[J].人民黄河,2019,41(12):1-7.

[36] 宇涛,李占斌,陈怡婷,等.黄土丘陵第三副区典型淤地坝系结构特征分析[J].水土保持研究,2019,26(4):26-30,35.

[37] 张攀,姚文艺,刘国彬,等.砒砂岩区典型小流域复合侵蚀动力特征分析[J].水利学报,2019,50(11):1384-1391.

[38] 张攀,姚文艺,肖培青,等.黄河流域砒砂岩区多动力侵蚀交互叠加效应研究[J].水利学报,2022,53(1):109-116.

[39] 张译心,徐国策,李占斌,等.不同时间尺度下流域径流侵蚀功率输沙模型模拟精度[J].水土保持研究,2020,27(3):1-7,22.

[40] Bai J, Yang S, Zhang Y, et al. Assessing the impact of terraces and vegetation on runoff and sediment routing using the time-area method in the Chinese Loess Plateau[J]. Water, 2019, 11(4).

[41] Chen Y P, Fu B J, Zhao Y, et al. Sustainable development in the Yellow River Basin: Issues and

strategies[J]. Journal of Cleaner Production, 2020, 263.

[42] Ke H C, Li P, Li Z B, et al. Soil water movement changes associated with revegetation on the Loess Plateau of China[J]. Water, 2019, 11(4).

[43] Liu B, Xie Y, Li Z, et al. The assessment of soil loss by water erosion in China[J]. International Soil and Water Conservation Research, 2020, 8(4): 430-439.

[44] Liu X Y, Dang S Z, Liu C M, et al. Effects of rainfall intensity on the sediment concentration in the Loess Plateau, China[J]. Journal of Geographical Sciences, 2020, 30(3): 455-467.

[45] Lu Y H, Lu D, Feng X M, et al. Multi-scale analyses on the ecosystem services in the Chinese Loess Plateau and implications for dryland[J]. Current Opinion in Environmental Sustainability, 2021, 48: 1-9.

[46] Quan X, He J, Cai Q, et al. Soil erosion and deposition characteristics of slope surfaces for two loess soils using indoor simulated rainfall experiment[J]. Soil & Tillage Research, 2020, 204.

[47] Shen Z Z, Yao W Y, Xiao P Q, et al. Comprehensive control model of soil and water conservation in Pisha stone area[J]. IOP Conference Series: Earth and Environmental Science, 2020, 512: 012052.

[48] Shen Z Z, Yao W Y, Xiao P Q, et al. Research progress of soil and water conservation in Pisha Stone Area of Yellow River[J]. Journal of Physics: Conference Series, 2020, 1637: 012085.

[49] Su C, Dong M, Fu B, et al. Scale effects of sediment retention, water yield, and net primary production: A case-study of the Chinese Loess Plateau[J]. Land Degradation and Development, 2020, 31(11): 1408-1421.

[50] Sun L Y, Fang H Y, Cai Q G, et al. Sediment load change with erosion processes under simulated rainfall events[J]. Journal of Geographical Sciences, 2019, 29(6): 1001-1020.

[51] Sun L Y, Zhou J L, Cai Q G, et al. Comparing surface erosion processes in four soils from the Loess Plateau under extreme rainfall events[J]. International Soil and Water Conservation Research, 2021, 9(4): 520-531.

[52] Wang J, Wang X T, Liu G B, et al. Grazing-to-fencing conversion affects soil microbial composition, functional profiles by altering plant functional groups in a Tibetan alpine meadow[J]. Applied Soil Ecology, 2021, 166.

[53] Wei Y J, Wu X L, Xia J W, et al. Dynamic study of infiltration rate for soils with varying degrees of degradation by water erosion[J]. International Soil and Water Conservation Research, 2019,7(2):167-175.

[54] Wu X T, Wang S, Fu B J. Multilevel analysis of factors affecting participants' land reconversion willingness after the Grain for Green Program[J]. Ambio, 2021, 50(7): 1394-1403.

[55] Wu Y, Chen W, Entemake W, et al. Long-term vegetation restoration promotes the stability of the soil micro-food web in the Loess Plateau in North-west China[J]. Catena, 2021, 202.

[56] Zhang P, Xiao P Q, Yao W Y, et al. Analysis of complex erosion models and their implication in the transport of Pisha sandstone sediments[J]. Catena, 2021, 207.

[57] Zhang P, Yao W Y, Liu G B, et al. Experimental study of sediment transport processes and size selectivity of eroded sediment on steep Pisha sandstone slopes[J]. Geomorphology, 2020, 363.

[58] Zhang P, Yao W Y, Liu G B, et al. Experimental study on soil erosion prediction model of loess slope based on rill morphology[J]. Catena, 2019, 173: 424-432.

[59] Zhou X Q, Hu J, Wei Y J, et al. Estimation of soil detachment capacity on steep slopes in permanent gullies under wetting-drying cycles[J]. Catena,2021, 206.

第 2 章

黄河下游河床演变与治理

2.1 引 言

黄河下游河段始于河南省桃花峪,于山东省垦利县注入渤海,全长 786 km,流域面积 2.3 万 km²。其中,孟津白鹤镇至东明高村河段,为典型的游荡性河型;高村至阳谷陶城铺,属由游荡性向弯曲性转变的过渡性河段;陶城铺至垦利宁海河段,属弯曲性河型;利津(宁海)至入海口,属河口段,处于淤积—延伸—摆动—改道的循环变化之中(见图 2-1),同时也是连接黄河三角洲的尾闾河段。

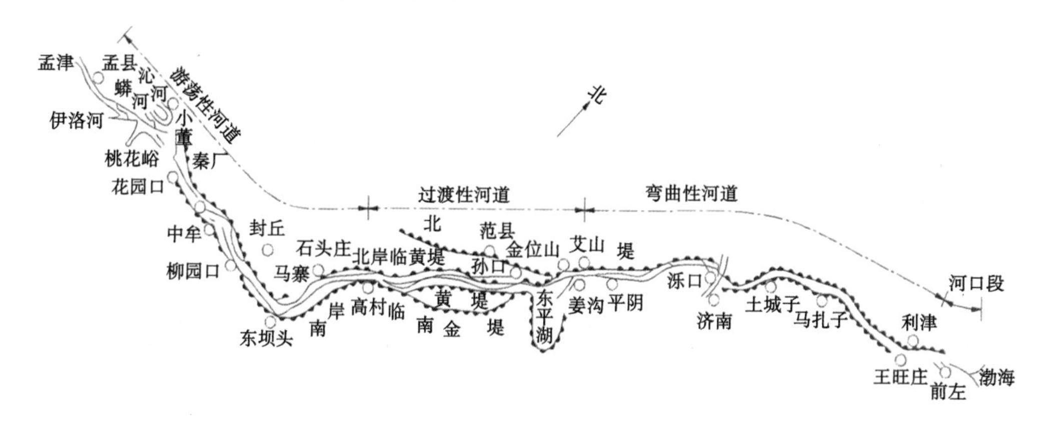

图 2-1 黄河下游河道

黄河下游河道是举世闻名的“地上悬河”,而且由于河道内邻近主槽的嫩滩淤积厚度大,远离主槽的滩地淤积厚度小,逐渐形成了“槽高、滩低、堤根洼”的“二级悬河”局面(见图 2-2、图 2-3),洪水期极易形成横河、斜河和顺堤行洪的局面,对防洪安全构成了极大威胁。

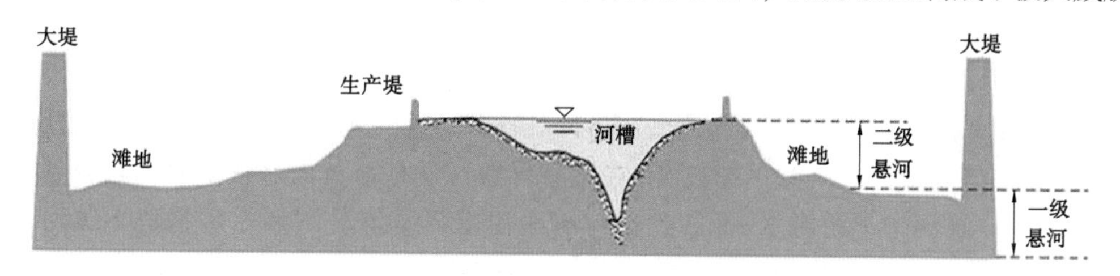

图 2-2 黄河下游“二级悬河”示意图

黄河下游现状河床一般高出背河地面 4~6 m,局部河段在 10 m 以上,如开封河段河底比大堤外地面高达 13 m,成为淮河水系和海河水系的天然分水岭。黄河下游堤段一旦发生决口泛滥,淹没影响人口可达 2 300 万以上,淹没耕地 246. 7 万 hm² 以上,必将对两岸经济社会可持续发展和生态环境安全造成重大影响,乃至打乱我国经济社会发展的总体布局。

“黄河宁,天下平”,治理黄河是安民兴邦的国家大事。2019 年 9 月 18 日,习近平总书记在黄河流域生态保护和高质量发展座谈会上强调,要保障黄河长久安澜,完善水沙调

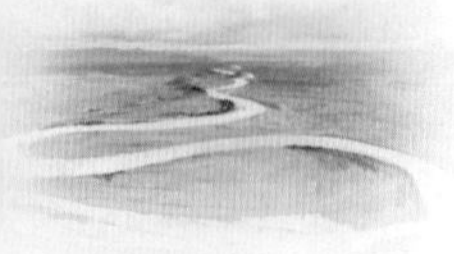

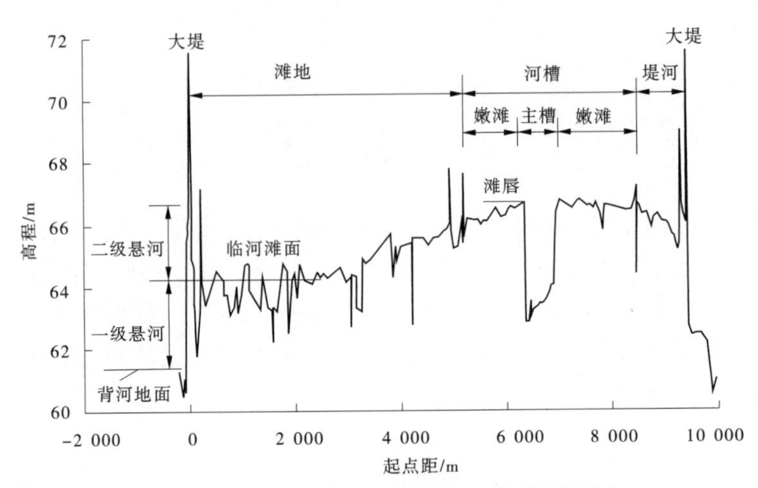

图 2-3　黄河下游杨小寨断面“二级悬河”形态

控机制，实施河道和滩区综合提升工程，减缓黄河下游河道淤积，确保黄河沿岸安全，让黄河成为造福人民的幸福河。在 2020 年 1 月 3 日中央财经委员会第六次会议上，习近平总书记再次强调，要从保证黄河安澜的角度，实施河道和滩区综合提升治理工程，科学把握水沙关系，综合处理泥沙问题，推动下游河段控导工程续建加固工程建设。

围绕黄河重大国家战略提出的目标要求，针对黄河下游河道治理实践存在的突出问题，开展新形势新环境下黄河河床演变规律和治理关键技术研究，对实现黄河岁岁安澜提供重要科技支撑具有重要意义。

近年来，在国家重点研发计划、自然科学基金等科技计划中均设立了黄河研究专项。2020 年，国家自然科学基金发布研究专项——黄河流域生态保护与可持续发展作用机制，设立“黄河流域地质地表过程与灾害效应”方向。国家重点研发计划设立“黄河下游河道与滩区治理研究”项目，围绕黄河下游河道和滩区治理的重大需求，系统开展了黄河下游河势控制与洪水行洪共适应机制及技术、游荡性河道稳定及输沙能力提升理论与河道治理关键技术研究。同时实施了国家重点研发计划专项“长江黄河等重点流域水资源与水环境综合治理”，设立了“黄河流域多目标协同水沙调控关键技术”项目，重点开展水沙调控理论与关键技术研究。2022 年，在国家自然科学基金黄河水科学研究联合基金专项中设立了“黄河中下游洪水-泥沙预报与水库智能调度技术”“新水沙情势下黄河下游河道演变规律与水沙调控”等重点研究方向，旨在构建基于数字河网的流域水沙动力学模型，预报黄河中下游水沙产输过程，预测不同干支流洪水组合与不同调控模式下中游水库群-下游河道的洪水泥沙演进及其河床冲淤过程，提出统筹考虑中游水库群减淤与下游河道防洪目标的水库智能调度方案；研究不同水沙情势、不同边界条件下黄河下游河道水沙输移、冲淤演变、河床粗化、平滩流量变化规律，提出新水沙情势、新河道边界条件下有利于稳定下游中水河槽规模、减少水库泥沙淤积、增加排沙入海等下游基本输水输沙通道的水沙调控技术。

2022 年 10 月 8 日，科技部印发的《黄河流域生态保护和高质量发展科技创新实施方案》提出，要通过基础理论和关键技术突破，支撑黄河流域生态保护和高质量发展重大国家战略的实施，实现“2025 年在流域气候-生态-水-沙耦合演变规律方面取得理论突破，2030 年在生态系统演变机制和水-土-能协调配置方面取得新突破，2035 年在流域系统治理、智慧黄河场景构建和水工程联合调度等技术方面取得整体跨越”。聚焦黄河水沙关系不协调、下游河势游荡和“二级悬河”严峻等突出问题，研究径流、洪水和泥沙变化趋势，攻克水沙精准预报与调控、防洪减灾等瓶颈技术。

近两年，围绕水沙关系调节这个治理黄河下游河道的“牛鼻子”，对自然气候演变和人类活动双重影响下黄河下游河道演变规律及治理关键技术的研究取得了不少成果，为“系统治理”开展河道整治，构筑安全可靠的防洪屏障，确保黄河岁岁安澜提供了极具科学参考价值的成果。

2.2　主要研究进展

黄河下游河道因其“临背”高差大(最大 20 m)、堤距宽(最宽 24 km)、游荡剧烈(日最大摆幅 6 km)、滩区人口众多(约 190 万人)等特征，成为世界上最复杂难治的河流。随着上中游水沙调控体系逐步形成，水沙过程发生历史性变化，但下游大洪水威胁依然存在，严峻的“二级悬河”更加剧了大洪水防洪安全和滩区发展之间的矛盾，针对该问题有不少研究，为未来黄河下游河道防洪安全与治理提供了科技支撑。

2.2.1　河床演变规律

2.2.1.1　黄河下游河道来水来沙及河道边界新变化

随着黄河流域水沙变化及黄河下游河道治理的逐步推进，下游游荡性河道来水来沙和边界条件均发生了显著变化，其河道治理也面临着新的形势。主要变化特征为：一是流域水沙锐减，例如黄河中游潼关水文站实测年平均水量和年平均沙量由 1919—1959 年的 426.10 亿 m^3 和 15.92 亿 t 分别减少到 1987—2019 年的 251.19 亿 m^3 和 4.74 亿 t，分别减少了 41% 和 70%；二是现有河道边界已由天然河道逐步成为有限控制的约束边界，随着河道整治工程的不断完善，河道边界已演化为由抗冲性弱的天然土质边界与抗冲性强的工程边界共同构成，这种边界作用下的河床调整规律与天然河道及渠化河道均有所不同；三是河道整治工程与水沙过程不匹配，黄河下游游荡性河道整治工程的设计流量为 4 000 m^3/s、含沙量为 30 kg/m^3，而小浪底水库投入运用后，黄河下游长期缺少 4 000 m^3/s 以上的大流量过程，而低含沙小流量过程年均持续时间却长达 340 d 以上，与整治工程设计条件差异很大；四是河口基准面已经达到转折点，目前尾闾流程已基本与 1996 年改汊前的相当，河口基准面将进入不可逆转的升高阶段。新的水沙条件及边界条件的变化，必然带来黄河下游河道新的变化特性，例如，1996—2015 年黄河下游河床出现大幅度冲刷下降(平均约 2 m)，之后虽然因河床粗化而有所减缓，但总体上仍然处于冲刷过程，这是小浪底水库于 2000 年建成开始拦沙、下泄清水冲刷和 1987 年后流域进入枯水枯沙期等条件叠加作用的结果。值得注意的是，目前黄河河口基准面下降已经达到转折点，同时，流域可能开始进入一个丰水丰沙期，加之小浪底水库即将开始排沙运用，从而可能会在不久时期黄河下游河道全面进入回淤的阶段，这是应当有所预判的。

根据预测,一旦小浪底水库死库容淤满后转入正常运用阶段,若遇流域丰水丰沙年,水库大量排沙,加之受河口基准面制约,未来下游河道最终将会回淤到甚至超过1996年的水平,即大约升高2 m,对此严峻形势须引起重视,以免被动。

2.2.1.2 黄河下游河道冲淤变化

小浪底水库投入运行以后,因水沙条件发生变化,引起下游河道的再造床过程,黄河下游河道地貌发生巨大变化。相关研究表明,自小浪底水库运用以来,黄河下游河道持续冲刷,至目前累计冲刷量约为19亿 m^3,其中游荡性河段所占比重达到72%。典型断面及河段尺度的平滩河槽形态调整明显,平滩河宽与水深增加,河相系数逐年递减,横断面形态总体向窄深方向发展,主槽过流能力明显增加。游荡性河段深泓及主槽摆动的宽度和强度均明显降低,深泓及主槽摆动宽度分别由1986—1999年的234 m/a、410 m/a减小到1999—2016年的119 m/a、185 m/a,分别减小49%、55%,呈现中间河段大、上下两河段小的特点,其中花园口断面深泓迁移强度最大,孙口次之,泺口最小。随着花园口来沙系数的增大,花园口、孙口和泺口等断面深泓迁移强度均表现出先减小后增大的趋势,转折点出现在来沙系数为0.004~0.006 kg·s/m^6 时。小浪底水库的蓄水拦沙作用使黄河下游来沙系数减小,改变了主槽淤积萎缩的演变趋势。

此外,花园口—高村宽滩游荡性河段在2000—2017年泥沙分布特征及滩区地貌演变出现新变化。由于小浪底水库拦沙作用,长期低含沙水流下泄导致河床形态调整加剧,主槽冲刷明显,洪水漫滩概率降低。下游河道生产堤及控导工程的修建,加上土地开发利用及其他人为活动影响,滩区逐渐从沉积模式转为侵蚀模式:花园口—高村河段在2000—2017年累计侵蚀11.373亿 m^3,其中滩地侵蚀约2.145亿 m^3;高村—陶城铺河段是黄河下游典型的宽滩过渡性河段,"二级悬河"发育,小浪底水库运行后,主槽持续冲刷,河相系数减小,断面形态更加窄深,平滩面积增幅普遍在200%以上,但是近年来调整强度明显减弱;高村—孙口河段调整既有横向小幅展宽也有垂向冲深,孙口—陶城铺河段的调整以垂向冲深为主;主槽—滩区系统逐渐从沉积模式转为侵蚀模式,主槽侵蚀速率约0.07 m/a,滩区侵蚀速率为0.002~0.008 m/a。2000—2017年高村—陶城铺河段累计冲刷2亿多 m^3。从时间维度上看,滩面横比降有所增大;从空间维度上看,滩面横比降集中分布在0.5‰~2‰。伴随水沙条件变化,游荡性河段小型洲滩数目有所增加,大型和超大型洲滩有所减少。受水库运行后河床持续冲刷的影响,游荡性河段多年平均洲滩总面积由小浪底水库运行前的81 km^2 减小到小浪底水库运行后的62 km^2,洲滩形态趋于细长。从分河段来看,花园口以上河段洲滩数目最多、面积最大,夹河滩—高村河段数目最少、面积最小。

黄河下游游荡性河道整治工程的修建有效改善了河道断面形态。在河道整治工程密度较小时不能有效控制河势,整治工程对河道断面形态影响较小;随着河道整治工程密度的增大,在同流量条件下河宽减小,水深增大,河相系数减小,河道断面形态向窄深方向发展。可见河道整治工程在达到一定密度时对河道断面形态有明显的改善作用,在一定程度上限制了河段的游荡特性,起到了稳定主流、控制河势的作用。

总之,在新的水沙条件和控导工程作用下,从时变趋势看,断面平均河宽呈现先增后减的趋势,河宽变幅则在近年来显著缩减,由于小浪底水库的修建和河道整治工程的建设,黄河下游游荡性河段的游荡性近年来受到了有限控制。

然而,必须看到的是,虽然黄河下游河道还没有转入回淤阶段,在小浪底水库调水调沙期仍有一定的冲刷下切,但是,随着河床冲刷粗化,冲刷效率已有明显降低。例如,利津以上由 2000 年的 10.3 kg/m^3 下降到 2015 年的 6.0 kg/m^3,到 2021 年进一步降低到 3.9 kg/m^3。因此,如何优化小浪底水库对水沙调控的运用方式,增加下游河道的冲刷效率,是迫切需要研究的问题。

2.2.2 黄河下游河道治理技术

2.2.2.1 滩区治理与生态再造新模式

近期,有研究者根据黄河水沙、防洪条件变化以及滩区治理面临的问题,提出了滩区治理的模式,主要是在保持黄河下游河道"宽河固堤"的格局下,结合黄河下游河道地形条件及水沙特性,考虑地方区域经济发展规划,对滩区进行功能区划,分为生态移民安置区、高效农业区以及资源开发利用区等。利用引洪放淤、挖河疏浚等措施,将由黄河大堤向主槽的滩地依次分区改造为"高滩""二滩""嫩滩",各类滩地设定不同的设防标准。"高滩"作为生态移民安置区,解决群众防洪安全问题,通过淤填堤河进一步提高堤防防洪能力;"二滩"为"高滩"与控导工程之间的区域,发展高效生态农业、观光农业等;"嫩滩"则被用来修复、维护湿地生态,与河槽一起承担行洪输沙功能。对于"高滩",其在临堤 1~2 km 范围内,可结合滩区地形和居民安置需要,利用引洪放淤措施淤高,将其防洪标准设为 20 年一遇,在发生中小洪水情况下无淹没风险;"二滩"为"高滩"与河势控导工程之间的区域,其平均高程介于"高滩"和"嫩滩"之间,可将其防洪标准设为 5 年一遇,漫滩概率较大,是承担滞洪沉沙功能的主要区域;对于"嫩滩",为满足其在洪水期间与主槽一起承担行洪输沙功能的需要,可利用新的河工技术,对传统坝垛工程进行升级改造,变"以坝护岸、以弯导流"为"平顺护岸、以弯导流",以达到中水河势稳定控制、河槽输沙能力提升的目的。这一模式可归纳为洪水分级设防、泥沙分区落淤、水沙自由交换。

2.2.2.2 河道滩区生态环境治理技术

黄河勘测规划设计研究院有限公司基于消除"二级悬河"、重构滩区生态空间、增效生态过程的目标,提出了河道滩区生态环境治理模式与技术。消除"二级悬河"的根本在于重塑宽滩河流地貌,扭转"二级悬河"特征,恢复自然河流健康的断面形态,从结构上恢复河流边缘效应,修复水陆交错带的湿地生境,提高生境质量,增强宽滩河流生态系统稳定性。重构生态空间的根本在于布局生活、生产、水沙等最适生态位,增加生态系统类型,科学布局人工缀块,连块成廊,功能融合,构建层次多样的生态空间优化格局;增效生态过程的根本在于加强宽滩河流生态空间的异质性,发展高效循环农业,绿色移民生态建镇,保护和培育生物多样性,促进河-滩-人复合整体有序性和自组织结构完善,提高生态系统的生态效率。

同时,为实现滩区生态环境治理,近年来提出了不少有关多沙河流滩区生态环境治理关键技术,包括研发基于河湖生态增长极的选址方法、基于多维平衡的水体规模论证方法、水体生境模拟和数模验证技术、悬浮过滤人工湿地及湿地公园生态水净化系统、雨污管网防堵控流技术和污水处理总氮智控技术、生态仿生水工新结构、新型高效原位水质净化技术等新型技术与方法。

2.2.2.3 河道治理技术

张红武等以东明辛店集至老君堂河段为示范研究对象,研发了下游河势控制与滩区治理的“预制板桩组合坝+变流促淤坝”“Z型钢板桩护滩工程”“泥沙高效处置工程”的技术体系,并在辛店集工程河段进行了示范应用研究,为滩槽协同治理提供了新的技术支撑。

1. 钢结构板桩组合坝

钢结构板桩组合是由宽翼缘H型钢与钢管为主焊接预制而成的“异形板桩”单元构件(见图2-4)。通过钢结构板桩组合坝工程的布局,可发挥控导主流作用,阻止河势下败而不断塌滩,大洪水时又能适应洪水漫滩需要,属于输沙能力最大、能耗最小的工程边界形式,具有施工快、造价低、抗水毁且可调控的河道控导工程结构形式,体现出了不抢险、不占用耕地、不影响漫滩的主流送导的技术优势,能提升黄河下游主槽输沙能力,同时又对黄河下游防洪不产生矛盾。

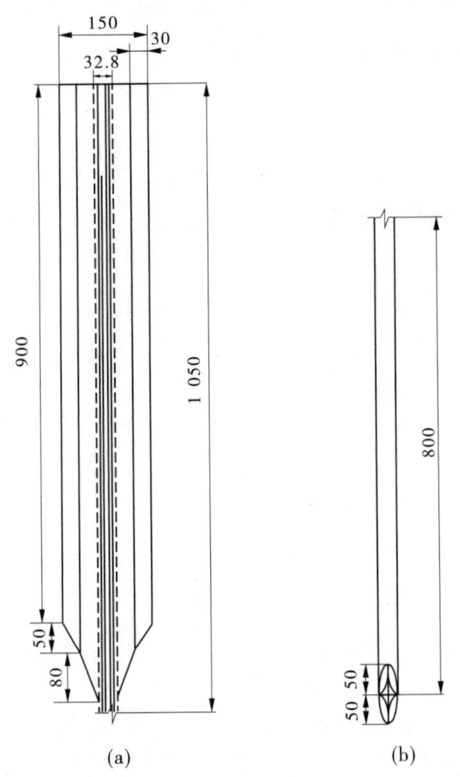

图2-4 钢结构板桩组合构件正视图 (单位:cm)

研发的板桩组合是由宽翼缘H型钢与钢管为主焊接预制而成的“异形板桩”单元构件。为减少施工难度与运输成本,该构件分上下两部分,上部的中间钢管直径325 mm、厚度8~10 mm、长度10.5 m,将两根宽翼缘型HW300×300的H型钢(高厚10 mm,宽厚15 mm)切成斜尖状(外侧H型钢由9 m处切削至9.5 m处,内侧H型钢由9.5 m处切至10.3 m处),对称焊接在钢管两侧,预制成宽为13.7 cm的板桩,进行除锈防腐处理后即成上部单元。板桩下部采用直径325 mm的环氧煤沥青防腐钢管(外缠玻璃丝布刷环氧煤沥青漆防腐钢管)作为底桩,一般长度 8~10 m。

2. 变流促淤坝

为使板桩工程临水面不冲反淤的效果更好,研发了变流促淤坝。促淤坝按每隔 4. 5 m 增设 1 道上挑 120°变流促淤坝(40 m×2 m),其顶部比板桩顶低 2. 5 m,一般情况下在水面以下,以减小对流速较大的中上部水流的阻扰。促淤坝采用钢材作为支撑,迎水面上部 445 m 范围内固定废旧传送带制成上挑淹没式促淤坝(见图 2-5),一旦漫流即形成平轴环流,使表层水流指向河中,底流产生相反的横向分速,将泥沙带向近岸淤积。

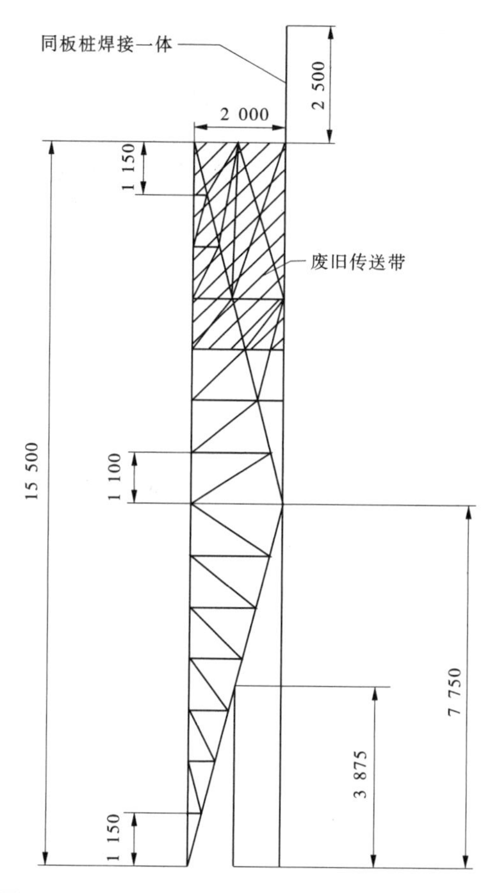

图 2-5 上挑淹没式促淤坝正视图 (单位:mm)

在促淤坝近岸处与钢管桩焊接一体,顶部在中间与迎流端采用镀锌管与板桩焊接相连。上挑变流促淤坝与钢结构板桩组合坝结合,形成"钢结构板桩组合坝 + 上挑变流促淤坝"工程体系,使促淤坝以板桩组合坝为依托,促淤坝变成倒直三角形且打桩深度减半,同时改善了板桩组合坝前基础埋置状况,又改变了坝体结构形状,支撑面有所增加,增加了板桩组合坝整体稳定性。

3. 钢管轮胎透水桩束流输沙工程

为兼顾中水整治流量时能够束流输沙,在大洪水期所布置的工程又不至于影响过洪宽度,在钢结构异形板桩坝河势控导示范工程的对岸下游过渡段,设置透水桩束流输沙示范工程(见图2-6)。工程选用抗弯刚度大的钢管作为透水桩材料,工程建成后可在下游数百米很快形成缓淤带,结构透水而不影响洪水漫滩与水沙的横向交换,外套废旧轮胎可以体现废物利用,同时能有效缓解大型漂浮物的撞击破坏,且可利用橡胶柔性发挥较好的缓流落淤作用。

图2-6 透水桩束流输沙示范工程

4.Z型钢板桩护滩工程

Z型钢板桩护滩工程以起伏不平的Z型钢板桩作为护滩面(见图2-7),不仅使工程结构强度增大,而且增大了对近岸壁的水流的阻力,能够有效限制水流对滩岸的冲刷。

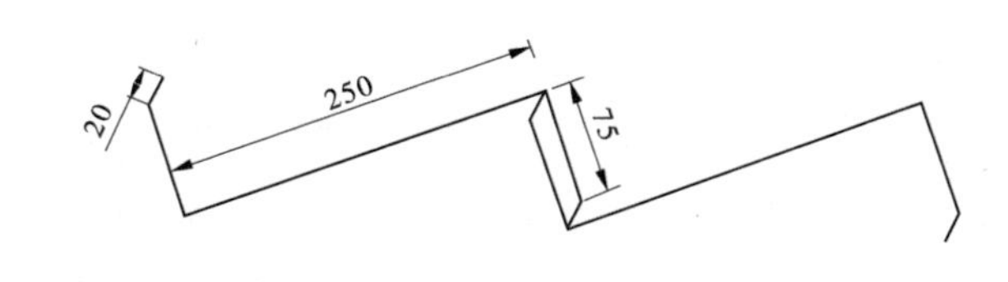

图2-7 Z型钢板桩结构 (单位:mm)

5.“泥沙高效处置”技术

为利用黄河泥沙淤筑下游滩区村台,利用泥沙资源,研发了远距离输沙技术。采用直径300 mm钢管,当输送中径为0.15 mm的泥沙并将出泥浆量分别控制在630 m^3/h、672 m^3/h、714 m^3/h时,在输送含沙量为800 kg/m^3且相同控制出泥浆量的条件下,最大输沙距离都能满足实际淤筑村台工程的要求。

2.2.3 河床演变分析方法

河床演变是水流、泥沙与河床三者之间相互作用的结果,影响因素多,不少传统的河床演变分析方法存在工作量大、无专业辅助工具、生产效率低、收集历年河床地形资料困难、实测地图成本高、演变过程观测资料少等问题。为此,有研究者提出了基于 BIM、GIS 的河床演变分析技术,将 GIS 技术用于河床演变冲淤分析,可增强海量信息的科学管理和综合分析能力,提高分析过程与结果的形象性和直观性。该方法依托 Infraworks 作为 GIS 数据的载体,采用 Civil 3D 二次开发技术,开发适用于河床演变分析的专业版块,具备河床演变智能化出图、智能化计算冲淤量等功能。同时,把实测地形图及相关模型投影到卫星影像图,完成 BIM 与 GIS 的融合,利用此方法可辅助分析河床演变规律,协助优化布设河道整治方案,验证设计方案的合理性。

2.2.4 工程险情监测技术

随着 5G 时代的到来,研究新一代信息技术在黄河治理管理中的应用对于治黄实践具有重要的意义。云计算、大数据、数字孪生、物联网等新一代信息技术,创造了层出不穷的新业态新模式,催生了一大批数字重点产业,利用这些最新成果,创新黄河河道演变、工情险情监测技术,发挥智慧水利在黄河河道防洪与管理中的作用,是应对黄河治理在新形势下面临新挑战的有效措施。

"天空地一体化黄河河道控导工程险情监测预警系统"就是近来研发的智能化自动化实时监测技术之一。现阶段黄河"二级悬河"态势严峻,黄河防洪工程存在短板,游荡性河势尚未得到完全控制,控导工程险情依然是确保黄河防洪安全的重大挑战。传统黄河巡堤查险监测多为人工巡检,或单一设备监测,无法实时判断和掌握河道控导工程根(坦)石坍塌、坝基坍塌等险情,难以满足防汛抢险对抢早抢小的要求。有研究者利用物联网和人工智能等新设备和新技术,运用"卫星遥感遥测+无人机航拍+视频监控"的天空地一体化监控网络,开发了河道控导工程险情监测预警系统,基本可以实现对接入的监测仪器开展实时自动化采集、安全状态监控,对监测数据进行全面管理、可视化分析,可实现离线分析、在线分析以及超限报警。

监测预警系统的技术原理主要是通过卫星遥感影像,解译分析控导工程周围河势变化情况。同时,建设图像分析视频监控设备和布设物联传感设备,实时动态掌握控导坝体变形坍塌、水下根(坦)石走失情况;使用半潜水下机器人搭载低频声呐和双目识别设备,构建控导工程水上水下一体化的三维模型,计算分析获取坝体变形和根石缺失量,据此对监测数据及时进行分析处理。如果发现某处控导工程数据出现异常,可以进行工程安全评估和风险仿真模拟,分析险情危害程度和可能造成的风险,制定相关的安全监控指标。该系统具有信息的空间定位、集成、表现、分析功能,可以为控导工程安全运行管理决策、运行监视、会商决策及工程管理提供三维可视化应用服务。同时"天空地一体化黄河河道控导工程险情监测预警系统"降低了人工巡堤查险劳动强度,全天候无盲区探测坝岸的安全状态,为指挥中心做出抢险决策提供准确、实时、科学的信息支持。

2.3 面临的问题与研究展望

2.3.1 面临的新问题

(1)黄河上游河道淤积萎缩与新“悬河”问题。

黄河上游宁蒙河段由峡谷河段与平原河段构成,其中巴彦高勒—头道拐河段(统称内蒙古河段)是典型的平原冲积性河段。20 世纪 80 年代以来,因冲积性河段发生持续淤积萎缩,改变了该河段以往长期处于冲淤基本平衡的状态,河床平均高出背河地面 4~6 m,内蒙古河段主槽过流能力减少,先后发生了 6 次凌汛决口和 1 次汛期决口,防凌防洪形势严峻。

为解决黄河上游水资源供需矛盾,在黄河上游修建了龙羊峡(1986 年汛后下闸蓄水)、刘家峡(1968 年汛后下闸蓄水)等控制性水库。这些水库投入运用后蓄丰补枯,显著改变了黄河上游的水沙过程,汛期有利于输沙的大流量过程锐减。1968 年刘家峡水库蓄水运用前,黄河上游兰州断面汛期与非汛期水量比为 6∶4;到 1986 年龙羊峡水库蓄水运用后,兰州断面汛期与非汛期水量比变为 4∶6;兰州断面年均大流量过程(流量大于 2 000 m^3/s)的天数也从 1985 年之前的 29.5 d,降低至 1986—1999 年的 3.7 d,到 2000—2017 年兰州断面几乎未出现过大流量过程。

(2)黄河下游滩区治理策略与水沙变化情势不适应。

黄河下游河道防洪与滩区治理一直是黄河治理的重要任务之一。目前,关于下游河道防洪与滩区治理策略有“宽河固堤”与“窄河固堤”之争,争议焦点在于未来进入黄河下游的沙量预测。2013 年,国务院发布的《黄河流域综合规划(2012—2030 年)》中指出,到 2030 年水土保持措施年均可减少入黄泥沙 6 亿~6.5 亿 t,入黄泥沙仍有 9 亿~10 亿 t,并以此为据,提出了以“宽河固堤”为基本格局的下游河道治理策略和逐步拆除生产堤的滩区治理策略。有人根据黄河来沙量预测,未来 50 年潼关断面年均输沙量约为 3 亿 t,仅为《黄河流域综合规划(2012—2030 年)》采用值的 1/3。这样一来,黄河下游以“宽河固堤”为基本格局的治理策略显然与未来来沙量不匹配。同时,拆除生产堤将涉及滩区安全建设到位、补偿政策落实、群众安全等问题需要解决。若滩区安全建设未能解决,蓄洪滞洪效果不佳,滩区将长期面临洪水的威胁,滩区发展将受到严重制约,与黄河流域高质量发展的要求极不适应。

2.3.2 应对建议

(1)加快新一代信息技术在黄河治理中的开发与应用。

2021 年 9 月 18 日,在水利部召开的深入推动黄河流域生态保护和高质量发展工作座谈会上,李国英部长明确要求建设数字孪生黄河。同时,水利部已把数字孪生黄河建设列为“十四五”智慧水利发展建设的重点工程。云计算、大数据、数字孪生、物联网等新一代信息技术,创造了层出不穷的新业态、新模式,催生了一大批数字重点产业。利用这些最新成果,创新防汛业务流程和业务模式,建设覆盖河道、滩区、防洪工程,为各级防汛机构服务的水利大数据体系,研究开发防御洪水、防汛料物、异地会商、防汛指挥调度等智慧应用系统,是应对黄河治理新挑战的有效措施。

现阶段黄河发生大洪水的可能性依然存在,下游"槽高、滩低、堤根洼"的"二级悬河"态势严峻。黄河防洪工程存在短板,高村以上 299 km 游荡性河势尚未得到完全控制,横河和斜河直冲大堤危及堤防、控导、险工安全时有发生,部分引黄涵闸等穿堤建筑物存在安全隐患,影响堤防整体安全 。传统黄河巡堤查险主要靠人工,存在三个方面的不足:①不能全天候巡查所有坝岸;②大水期间,巡查密度大,消耗人力、物力大;③水下根石松动走失很难巡查发现。可运用物联网技术的感知优势对重要险工、控导等水利工程进行省力省时全天候无盲区监测观测,发现险情抢早抢小,同时利用布设在坝岸上的视频采集系统锁定发生位移的位置,视频采集系统还可以和自记水尺相结合,抓拍读取水位数据,传输到各级防汛管理部门,可收到实时监控水位的效果,为指挥中心做出抢险决策提供准确、实时、科学的信息支持。

(2)建设完善的黄河水沙调控体系。

目前,黄河上游刘家峡水库至头道拐断面 1 440 km 河段缺少承上启下的控制性水库。到 2020 年汛末,小浪底水库库区总淤积量已占水库设计拦沙库容的 42.8%,面临后续调水调沙动力不足的问题。因此,一是需要加强推进黄河上游黑山峡河段治理工程的前期论证工作。黑山峡河段治理工程论证工作虽已经开展了几十年,但是工程功能定位、建设方案等的前期论证工作进展不大,建议结合南水北调西线工程和黄河水沙调控等,加快推进黑山峡河段治理工程前期论证工作。二是优化黄河中游古贤水利枢纽的开发目标与建设规模,尽快启动建设,解决中下游河道水沙调控水动力不足问题。连续 21 年的调水调沙,河道主河槽平均下切 2.6 m,最小过流能力由 2002 年汛前的 1 800 m^3/s 恢复到 2017 年的 4 200 m^3/s 以上,中小洪水漫滩概率减小,游荡性河道河势相对稳定,但是由于小浪底水库调水调沙后续动力不足,水沙调控体系的整体合力无法充分发挥,该工程建成后,将彻底扭转黄河小北干流河段持续淤积局面,有助于降低黄河中游潼关高程。同时,古贤水库与小浪底水库联合调度,增加小浪底水库调水调沙的后续动力,塑造与维持黄河基本输水输沙通道,配合下游河道整治工程和主槽疏浚工程等,长期维持与稳定黄河上中下游基本的平滩流量规模,保证下游河道河槽的行洪输沙功能不衰减,缓解"二级悬河"的不利态势等。

(3)稳步推进黄河下游滩区生态再造与治理。

随着黄河中游古贤、东庄等控制性水库的建成运用,进入黄河下游的泥沙将进一步减少、洪峰流量锐减、洪水漫滩的发生概率将降低。黄河下游滩区具备分区治理、释放部分滩区的条件。为适应新时期治水思路和生态文明建设新要求,在保持黄河下游河道"宽河固堤"的格局下,结合黄河下游河道地形条件及水沙特性,考虑地方区域经济发展规划,需要对滩区进行功能区划,解决滩区防洪运用与高质量发展之间的矛盾。

一是应当因地制宜试点滩区分区治理,在维持黄河大堤现状、保障大堤外防洪安全的基础上,将由黄河大堤向主槽的滩地依次分区改造为"高滩" "二滩""嫩滩",各类滩地设定不同的设防标准,实现滩区"洪水分级设防,泥沙分区落淤,滩槽水沙自由交换",选择适宜河段开展滩区分区治理试点。二是要对下游河道进行改造,释放部分滩区,逐渐扩大滩区分区治理试点范围，最终在黄河滩区内利用已建生产堤和控导工程等建设两道防洪导堤，将黄河下游河道缩窄成为3～5 km宽、可通过8 000～10 000 m^3/s流量的通道；在防洪导堤与黄河大堤之间的滩区上，利用隔堤和公路等建成一定规模的滞洪区，用于分滞流量大于10 000 m^3/s的洪水；释放新建滞洪区以外的滩区，并将其变成永久安全区。另外，利用泥沙放淤、挖河疏浚等手段，对黄河下游滩区进行生态再造，与黄河水沙调控体系和下游防洪工程共同作用，实现黄河下游长治久安。

(4)重大工程规划设计应为远期的泥沙反弹留出"回旋"余地。

黄河堤防和水沙调控工程的布局和运用至少应在百年尺度上进行规划和设计，仅考虑20～30年的水沙情势显然是不妥当的。综合考虑黄河沙情的现实和未来风险，古贤水利枢纽现阶段可以暂按"提高丰水年径流存储能力"和"为小浪底水库调水调沙提供后续动力"的要求设计水库的库容和结构，但必须为沙量反弹充分留出加高和改建的条件，而且可能面临未来"二次移民"的困难；在规划滩区防洪工程布置时，应为今后沙量反弹预留沉沙空间和通道。

2.3.3 研究展望

人民治黄70余年来，基本建成了黄河下游河道整治工程体系，取得了河势得到有效控制、河道萎缩态势初步遏制的巨大成就，保障了伏秋大汛岁岁安澜，确保了沿河两岸人民生命财产安全。然而，应当清醒地认识到，黄河下游防洪还存在突出短板，"地上悬河"形势严峻，游荡性河段河势尚未完全有效控制，危及大堤安全，滩区仍有上百万人生活在洪水威胁之中。随着黄河水沙变化和上游大型水库的运用，低含沙量中小水长期下泄，黄河下游河势发生新的调整，"二级悬河"威胁大大增加，河道整治工程的适用性等问题进一步凸显。

黄河重大国家战略的实施对黄河下游河道治理提出了新的更高要求，将完善水沙调控机制，实施河道和滩区综合提升治理工程，减缓黄河下游淤积，确保黄河沿岸安全作为重大战略目标任务之一。因此，围绕黄河重大国家战略需求，对水沙变化条件下河床演变规律和河道整治、滩区治理理论与关键技术的研究仍将是黄河研究领域的热点之一。

建议今后加强以下问题研究：

(1)河势演变对水沙变化-工程约束-河床粗化耦合作用的响应机制。

河流水沙和河床演变是一个整体联系和互相影响的水文-地貌耦合系统，一定的河道形态是来水来沙与河床边界条件长期相互作用的结果，水沙过程、工程约束等因素对冲积性尤其是游荡性河段河床再造过程有着重要的影响，因此需要以游荡性河段为重点，研究水沙关系、工程控导、床沙粗化对河势演变的作用机制及其关系，构建河势演变过程的动力学模型，揭示水沙变化-工程约束-河床粗化耦合作用下河床的平面形态、断面特征及河道冲淤过程变化规律，解析水沙变化-工程约束-河床粗化协同作用的河势稳定机制，实现新形势下的河道演变趋势精准预测。

(2)新水沙条件下游荡性河段河道整治关键技术。

针对在新水沙条件下游荡性河道河势变化新特征，以游荡性河道为研究重点，通过物理模型试验、数值模拟等手段反演分析新形势下黄河游荡性河段河道整治的设计流量、设计河宽及排洪宽度等关键技术指标适宜性，揭示河势演变关键参数与水沙变化、工程边界约束的响应关系，优化控导工程布置，实现新水沙条件下控导工程对游荡性河道演变趋势的调整与控制。

(3)黄河滩槽协同治理关键技术。

以黄河下游游荡性河段为研究重点，研究平滩河槽演变与水沙变化的响应关系及其对滩区演变的边际效应，揭示主槽、滩地演变的互馈关系及其驱动机制，研究主槽塑造与滩地稳定的协同治理关键技术，探索黄河下游游荡性河段河槽-滩地协同治理的模式与关键技术。

(4)基于生态-防洪-农业安全协同的滩区治理关键技术。

在保持黄河下游河道“宽河固堤”的格局下，结合黄河下游河道地形条件及水沙特性，考虑地方区域经济发展规划，研究滩区的功能区划原理与标准，利用泥沙放淤、挖河疏浚等手段，将由黄河大堤向主槽的滩地依次分区改造为“高滩”“二滩”“嫩滩”，各类滩地设定不同的设防标准，通过改造黄河下游滩区，配合生态治理措施，形成生态移民安置区、高效农业区以及资源开发利用区等不同功能区域，实现滩区“洪水分级设防，泥沙分区落淤，滩槽水沙自由交换”，研究解决滩区生态-防洪-农业安全协同治理问题，提高黄河下游滩区的防洪标准，保障滩区居民安全。

(5)水沙变化与有限控制边界对河道调整的耦合作用效应。

新形势下水沙条件的改变以及有限控制边界条件的约束，增加了河道河势演变的复杂性和不确定性，随着河流开发利用程度的增强，河流受到的边界约束也越来越多，研究水沙变化与控制边界对河道调整的动力耦合作用，揭示河道调整与有限控制边界和水沙条件变化的复合响应关系，研究未来水沙关系变化与有限控制边界耦合作用下河道治理策略，将成为河床演变学新的研究热点。

(6)水沙-水动力-水质-水生态多过程协同的黄河下游水沙调控与河道整治综合提升机制。

针对黄河水沙关系不协调、下游河势游荡及水库运用方式对水生态系统考虑不足等问题，研究水沙-水动力-水质-水生态多过程协同的黄河下游水沙调控与河道整治综合提升机制，建立黄河下游水沙调控复杂系统可持续运行的定向控制方法，揭示新水沙条件下水沙-水动力-水质-水生态多过程互馈关系与耦合机制，优化水沙调控体系的适宜格局和功能配置，构建黄河下游滩区综合治理技术体系，为未来黄河下游河道水沙调控体系优化、防洪安全及生态综合治理提供重要的科学支撑。

(7)黄河下游河势预测智能模型及工情险情监测预警关键技术。

随着信息化、智能化时代的到来，利用云计算、大数据、数字孪生、物联网等新一代信息技术，开发黄河下游河势预测智能模型及工情险情监测预警系统，模拟黄河下游河势演化，对现有河道整治工程进行工程安全评估和风险仿真模拟，创新黄河河道演变、工情险情监测自动化智能关键技术，验证典型河段整治工程控制效果，优化河道整治方案，发挥智慧水利在黄河河道防洪与管理中的作用，是应对黄河治理新挑战的有效措施，也是黄河流域生态保护和高质量发展新的时代特征。

总之，水沙关系不协调、河势频繁摆动、“地上悬河”发育、滩区防洪安全与生态治理的矛盾凸显是影响和制约黄河流域生态保护和高质量发展的重大问题，基于新时期黄河下游河道边界及水沙条件，综合运用云计算、大数据、数字孪生等新一代信息技术，从水沙关系、生态保护、防洪安全等多维度持续开展新环境下水沙调控机制研究、河床演变规律研究和下游控导工程科学优化布置研究是新时期治水思路和生态文明建设的要求，是保障黄河下游防洪安全的关键所在，也是破解未来长时期黄河下游防洪运用和经济发展矛盾的主要路径。

参考文献

[1] 白玉川，李岩，张金良，等. 黄河下游高村—陶城铺河段边界阻力能耗与河床稳定性分析[J]. 水利学报，2020，51(9)：1165-1174.

[2] 陈羿名，戴文鸿，刘军，等. 黄河下游游荡型河道稳定水力几何形态研究[J]. 泥沙研究，2022，47(4)：46-52.

[3] 程亦菲，夏军强，周美蓉，等. 黄河下游游荡段过流能力调整对水沙条件与断面形态的响应[J]. 水科学进展，2020，31(3)：337-347.

[4] 樊金生，黄河清，余国安，等. 河岸与河底相对粗糙度对河道平衡形态的影响研究[J]. 泥沙研究，2021，46(1)：18-24.

[5] 胡春宏，张双虎，张晓明. 新形势下黄河水沙调控策略研究[J]. 中国工程科学，2022，24(1)：122-130.

[6] 胡春宏，张晓明. 黄土高原水土流失治理与黄河水沙变化[J]. 水利水电技术，2020，51(1)：1-11.

[7] 胡春宏. 构建黄河水沙调控体系，保障黄河长治久安[J]. 科技导报，2020，38(17)：8-9.

[8] 胡一三. 70年来黄河下游历次大修堤回顾[J]. 人民黄河，2020，42(6)：18-21.

[9] 江青蓉，夏军强，周美蓉，等. 黄河下游游荡段不同畸形河湾的演变特点[J]. 湖泊科学，2020，32(6)：1837-1847.

[10] 金瑞，肖春红，朱明，等. 基于BIM+GIS技术的河床演变分析[J]. 水运工程，2021(6)：206-211，244.

[11] 景唤，钟德钰，张红武，等. 中小流量下黄河下游游荡段河床调整规律[J]. 水力发电学报，2020，39(4)：33-45.

[12] 李洁，褚明浩，张翼，等. 1986—2018年黄河下游游荡段洲滩演变特点[J]. 人民黄河，2022，44(10)：51-55，60.

[13] 李军华，许琳娟，江恩慧. 黄河下游游荡型河道提升治理目标与对策[J]. 人民黄河，2020，42(9)：81-85，116.

[14] 李军华，许琳娟，张向萍，等. 河道调整研究现状及其对黄河下游游荡型河道调整的启示[J]. 水利水电科技进展，2021，41(4)：1-6.

[15] 刘贝贝，朱立俊，陈槐，等. 冲积性河流的河型分类及判别方法研究综述[J]. 泥沙研究，2020，45(1)：74-80.

[16] 王建伟，陈炳瑞，段连强，等. 小浪底水库运用对黄河下游深泓线演变的影响[J]. 人民黄河，2022，44(5)：57-60，66.

[17] 王恺忱. 对当前黄河下游河道演变发展的认识[J]. 人民黄河，2022，44(3)：40-43，47.

[18] 王英珍，夏军强，周美蓉，等. 小浪底水库运用后黄河下游游荡段主槽摆动特点[J]. 水科学进展，2019，30(2)：198-209.

[19] 王兆印，刘成，何耘，等. 黄河下游治理方略的传承与发展[J]. 泥沙研究，2021，46(1)：1-9.

[20] 夏军强,王增辉,王英珍,等. 黄河中下游水库-河道-滩区水沙模拟系统的构建与应用[J]. 应用基础与工程科学学报,2020,28(3):652-665.

[21] 夏润亮,李涛,余伟,等. 流域数字孪生理论及其在黄河防汛中的实践[J]. 中国水利,2021(20):11-13.

[22] 许琳娟,王森森,李军华,等. 河道整治工程对游荡型河道断面形态的影响[J]. 南水北调与水利科技(中英文),2022,20(1):201-208.

[23] 许琳娟,王远见,李军华,等. 基于长序列的黄河下游游荡型河道河势演变[J]. 南水北调与水利科技,2021,19(1):151-157,197.

[24] 许琳娟,赵万杰,李军华,等. 黄河下游黏性泥沙的冲刷速率研究[J]. 人民黄河,2020,42(3):11-16.

[25] 许雅宁,段同苑. 黄河河道控导工程险情监测预警系统建设与探索[C]//2021 中国水资源高效利用与节水技术论坛论文集,2021:1-4.

[26] 余阳,夏军强,李洁,等. 小浪底水库对下游游荡河段河床形态与过流能力的影响[J]. 泥沙研究,2020,45(1):7-15.

[27] 张红武,龚西城,王汉新,等. 黄河下游河势控制与滩区治理示范研究及进展[J]. 水利发展研究,2021,21(2):1-11.

[28] 张红武. 黄河下游河道与滩区治理示范工程板桩组合技术研究[J]. 人民黄河,2020,42(9):59-65,140.

[29] 张金良,陈翠霞,罗秋实,等. 黄河水沙调控体系运行机制与效果研究[J]. 泥沙研究,2022,47(1):1-8.

[30] 张金良,李岩,白玉川,等. 黄河下游花园口—高村河段泥沙时空分布及地貌演变[J]. 水利学报,2021,52(7):759-769.

[31] 张金良,仝亮,王卿,等. 黄河下游治理方略演变及综合治理前沿技术[J]. 水利水电科技进展,2022,42(2):41-49.

[32] 张明武,张杨,潘丽. 基于变分方法的平衡条件下河流弯曲形态分析[C]//中国大坝工程学会 2021 年学术年会论文集,2022:737-742.

[33] 张诗媛,夏军强,李洁,等. 近期黄河下游游荡河段床面下切与横向展宽的定量关系[J]. 泥沙研究,2020,45(2):8-15.

[34] 张杨,陈融旭,潘丽. 游荡性河段不同时期河道整治密度及历程[J]. 河南水利与南水北调,2022,51(3):88-90.

[35] 张志鸿,彭杨,罗诗琦,等. 移动网格下黄河下游游荡段二维水沙数值模拟[J]. 水力发电学报,2022,41(8):30-41.

[36] 赵薛强,凌峻. 无人机自动巡检智慧监控系统研究与应用[J]. 人民长江,2022,53(6):235-241.

[37] Binquan Li, Zhongmin Liang, Zhenxin Bao, et al. Changes in stream flow and sediment for a planned large reservoir in the Middle Yellow River [J]. Land Degradation & Development, 2019.

[38] Han M, Brierley G, Li B, et al. Impacts of flow regulation on geomorphic adjustment and riparian vegetation succession along an anabranching reach of the Upper Yellow River[J]. CATENA, 2020.

[39] Qin Dai, Chenfeng Cui, Shuo Wang. Spatiotemporal variation and sustainability of NDVI in the Yellow River Basin[J]. Irrigation and Drainage, 2022.

[40] Shihua Yin, Guangyao Gao, Lishan Ran, et al. Spatiotemporal variations of sediment discharge and in-reach sediment budget in the Yellow River from the headwater to the delta[J]. Water Resources Research, 2021.

[41] Wenlong Jing, Ling Yao, Xiaodan Zhao. Understanding terrestrial water storage declining trends in the Yellow River Basin [J]. Journal of Geophysical Research: Atmospheres, 2019.

[42] Xiao Wu, Naishuang Bi, Jaia Syvitski, et al. Can reservoir regulation along the Yellow River be a sustainable way to save a sinking delta? [J]. Earth's Future, 2020.

[43] Yuezhi Zhong, Sean D. Willett, Vincenzo Picotti. Spatial and temporal variations of incision rate of the Middle Yellow River and its tributaries[J]. Journal of Geophysical Research: Earth Surface, 2021.

[44] Zhan C, Wang Q, Cui B, et al. The morphodynamic difference in the western and southern coasts of Laizhou Bay: Responses to the Yellow River Estuary evolution in the recent 60 years[J]. Global and Planetary Change, 2020.

[45] Zhang H, Liu X, Jia Y, et al. Rapid consolidation characteristics of Yellow River-derived sediment: Geotechnical characterization and its implications for the deltaic geomorphic evolution[J]. Engineering Geology, 2020.

第3章

黄河水沙变化

3.1 引　言

黄河沙量之多,含沙量之高,是世界上大江大河中绝无仅有的(见图3-1),黄河陕县水文站1919—1960年平均水量为422亿 m^3,输沙量达到16亿t,平均含沙量为37.9 kg/m^3。黄河水量不及长江水量的1/20,而沙量却是长江沙量的3倍。与世界多泥沙河流相比,孟加拉国的恒河年沙量14.51亿t,与黄河输沙量相近,但其年水量达3 710亿 m^3,年均含沙量只有3.9 kg/m^3,远小于黄河花园口1919—1985年系列的年均含沙量35 kg/m^3。可见水少沙多、水沙关系不协调是黄河的主要特性,因此使得黄河下游河道成为举世闻名的"地上悬河"。

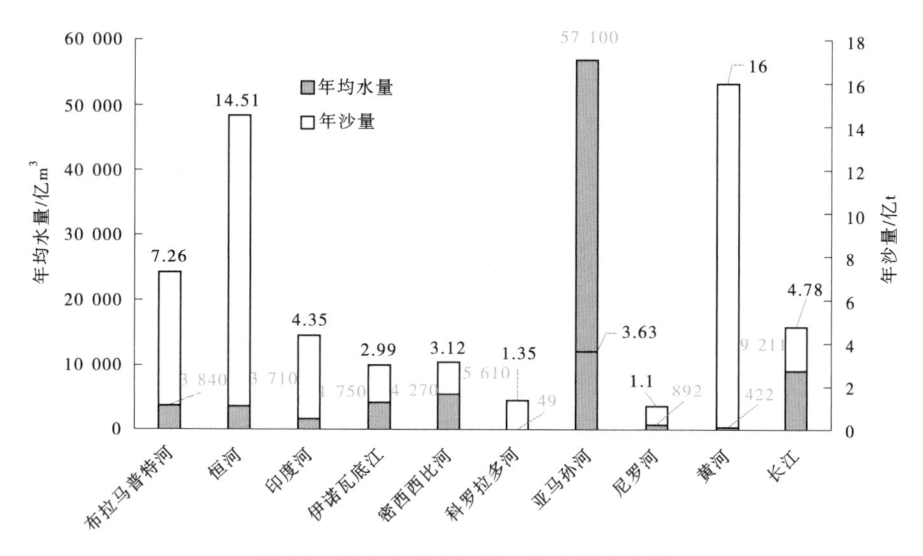

图3-1　国内外著名河流年均水量和沙量

而自20世纪80年代中期以后,黄河输沙量却出现了持续减少的态势,近期的输沙量不足20世纪60年代以前的20%,发生巨大变化。黄河水沙变化关系到治黄方略制定、水土保持与生态治理、水资源配置与管理,以及重大水利工程布局等,因此黄河水沙变化不仅为流域及河道管理者高度重视,而且已经成为水利、生态、环境和经济等多领域学术界研究的热点问题之一。

自20世纪80年代中期以来,尤其是近20年来,黄河输沙量锐减,2000—2020年潼关年均输沙量只有1919—1960年的17.3%,其中2014年、2015年潼关水文站输沙量均不足1亿t,仅约20世纪60年代以前的1/16,2020年输沙量相对较多,也只有2.4亿t。2018年是自2000年以来黄河输沙量最多的一年,而利津的输沙量也仅为20世纪60年代以前年均输沙量11.5亿t的26%。一些主要支流输沙量减少更多,例如黄河泥沙主要来源区窟野河流域,年均输沙量由1954—1969年的1.25亿t减为2008年的40万t,2009年基本没有产沙,2016年仅有0.21万t,2000—2020年平均仅约为1969年前的3%。

科学认知黄河水沙情势变化特征,预测未来水沙变化发展趋势对于进一步完善治黄策略、构建流域水沙调控体系、实施流域水资源配置与管理,以及重大水利工程布局均具有非常重要的意义。习近平总书记在黄河流域生态保护和高质量发展座谈会上指出,黄河水少沙多、水沙关系不协调,是黄河复杂难治的症结所在。要保障黄河长久安澜,必须紧紧抓住水沙关系调节这个"牛鼻子"。因此,黄河水沙变化研究对于实现黄河流域生态保护和高质量发展重大国家战略目标有着极大的重要性。鉴于黄河流域在我国生态建设和经济社会发展中所处的战略地位及水土资源的现实状况,如何协调黄河流域生态保护和高质量发展的关系,确保黄河流域水资源与防洪安全,已成为国家重大战略问题和科技发展中的重要课题。为此,"十三五"和"十四五"期间科技部、国家自然科学基金委员会、水利部等多部门启动了与"黄河水沙变化"方向相关的多项重大科技项目,以加强黄河水沙变化科学问题及应对措施的研究。

科技部于2016年启动了国家重点研发计划项目"黄河流域水沙变化机理与趋势预测"。通过4年研究,系统揭示了百年尺度黄河流域水沙演变机制与多措施耦合驱动机制,厘清了黄河沙量减少的单项措施贡献率与群体效应,辨识了极端暴雨流域洪沙产输特征及水土保持成效,阐明了黄河水沙锐减成因,并构建了流域水沙变化趋势预测集合评估技术,综合考虑极端降雨情景,预测了黄河潼关水文站未来30~50年水沙量,研判了未来黄河水沙变化趋势。

国家自然科学基金委员会于2020年启动国家自然科学基金重大专项"黄河流域生态保护与可持续发展作用机制",设立了"黄河流域水循环规律与水土过程耦合效应"项目,力求通过气候变化与人类活动影响下黄河流域水循环时空变化特征研究,阐明水沙变化规律,预测未来变化趋势;通过黄河流域生态修复与水源涵养和水土保持、水沙调控与河道和三角洲演化的关系研究,系统揭示上中下游的水文-泥沙耦合关系;进一步从流域整体量化水土保持工程、水资源配置和水沙调控的级联效应,构建流域水沙耦合模拟和综合调度模型,提出黄河流域水资源配置和水沙调控优化方法。

2021年国家自然科学基金委员会又启动国家自然科学基金黄河水科学研究联合基金第一期专项,其中设立了三个相关项目。其一的"黄河宁蒙河段悬河演化动力学机制与水沙调控",旨在研究黄河上游内蒙古河段"新悬河"演化的动力学驱动机制和宽级配沙质河床冲刷自调节响应及水利枢纽工程坝下游水流含沙量恢复规律,分析生态环境要素对水沙调控的约束条件;构建黄河上游非均匀沙不平衡输沙水动力学模型,提出上游水库群水沙调控方法。其二的"黄土高原水土保持措施潜力及其对河流水沙的调控机制",力图通过研究极端暴雨条件下水土保持措施对地表水土过程的影响,阐明极端暴雨条件下的流域水沙演变过程与规律,揭示水土保持措施对水沙过程的调控机制、群体效应及阈值,进而评估黄土高原水土流失重点治理区水土保持措施治理潜力,提出黄土高原水土保持措施空间优化方案与对策。其三是"水土保持措施配置对流域水沙过程的影响和作用",该项目通过揭示黄土高原水土保持措施对大中流域径流和泥沙的影响,分析黄河一级支流水土保持措施调节径流和泥沙的过程及作用机制,进而提出以入黄水沙控制为导向的流域中长期水土保持措施。

这些研究将为深刻认识黄河水沙关系变化规律,科学评估未来水沙变化趋势起到很大的推动作用。

3.2 主要研究进展

自20世纪80年代中期以来,黄河水沙不断发生变化,尤其是近20多年来,黄河水沙发生巨变,输沙量锐减,水沙关系函变规律调整,引起了多方高度关注,已经成为水利、生态、环境和经济等多领域学术界研究的重要热点问题。黄河水沙变化关系到治黄方略制定、水土保持与生态治理、水资源配置与管理,以及重大水利工程布局等,对黄河保护治理影响深远,因此研究黄河水沙变化情势演变规律、预测未来变化趋势,具有重要意义。

近年来关于黄河水沙变化的研究成果是最为丰富的。目前研究的问题主要集中于黄河水沙情势演变特征、黄河水沙关系变化规律、黄河水沙变化成因、水沙变化趋势预测等方面。由于黄河流域产水产沙环境极为复杂,因此从目前成果看,在水沙变化未来趋势预测方面存在的分歧最为明显,由此也说明,对黄河水沙变化的研究不是一蹴而就的,是一项需要长期不断研究逐步深化的科学攻坚工作。

3.2.1 黄河水沙情势演变

3.2.1.1 黄河水沙变化时段特征

从人类活动对下垫面的影响来说,大型水库的修建对水沙过程的调节起到了至关重要的作用。黄河流域较大的水利枢纽主要有1986年运用的龙羊峡水库和1999年运用的小浪底水库,因此可分为四个时段来分析水沙的变化特点:1950—1959年作为天然时期,主要反映自然因素对水沙的影响;1960—1985年主要是龙羊峡水库运用前的影响;1986—1999年反映小浪底水库运用前的影响;2000—2020年则反映小浪底水库运用后对水沙变化的影响。

黄河干支流主要控制站近70年实测水沙量变化过程分别见图3-2、图3-3和表3-1。不同水文站各年的水沙量显然具有一定的映射关系,总体来说,除2018年、2019年和2020年出现较丰的水量过程外,近70年水沙量均呈现出减少的趋势。

20世纪50年代的年均水量比较丰沛,属于几个时期内年均水量最大的年份,头道拐水文站、潼关水文站和花园口水文站(简称3站)的年均水量分别为237.3亿 m^3、427.6亿 m^3 和477.8亿 m^3。至1960—1985年,头道拐水文站水量略有增加,潼关水文站和花园口水文站略有减少,但减幅不大,与20世纪50年代相比,3站分别增加了7%、减少5%和减少6%。1986—1999年龙羊峡水库运用后,水量有明显得减少,3站相比较20世纪50年代天然时期分别减少了30%、39%和42%。2000年之后,小浪底水库对进入黄河下游的泥沙进行了大幅度的拦蓄,同时对径流过程进行了显著调节,但对水量的影响相对较小。因此,2000—2020年3站的水量较1986—1999年变化不大,分别维持在186.9亿 m^3、255.8亿 m^3 和276.3亿 m^3。

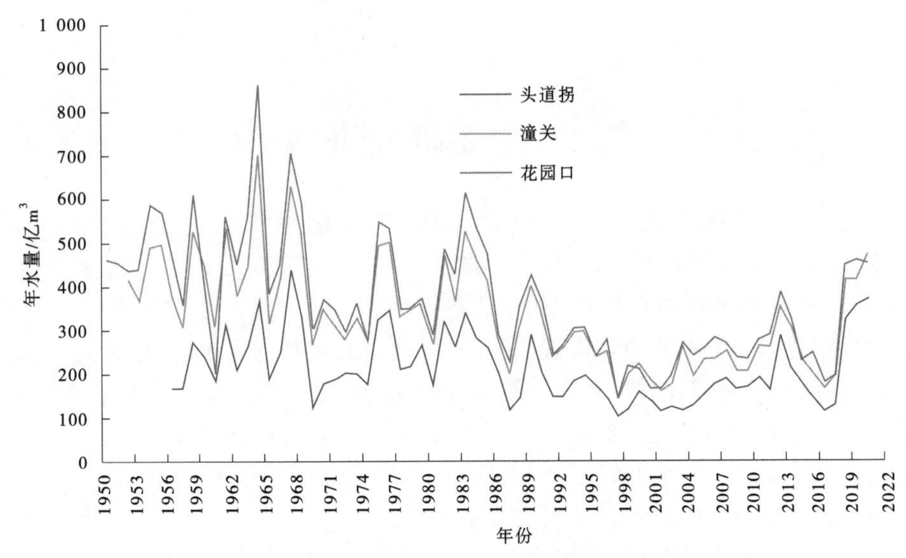

图 3-2　黄河典型水文站年径流量变化过程

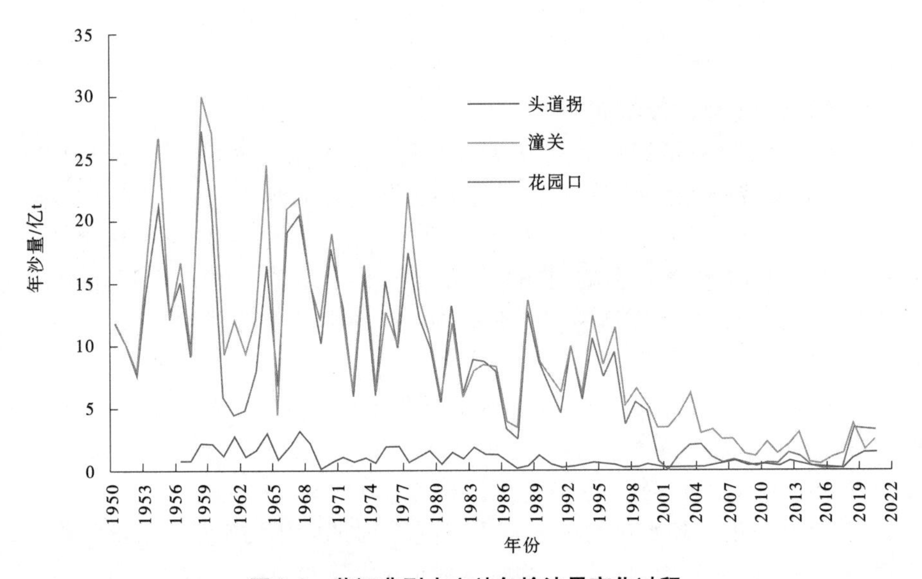

图 3-3　黄河典型水文站年输沙量变化过程

黄河流域沙量的变化幅度较水量大。上游沙量较少,主要是受青铜峡、三盛公水利枢纽的拦蓄作用;中游则主要受水利水土保持措施的影响;黄河下游则主要受小浪底水库调节的影响。1950—1959 年 3 站沙量是最多的时期,分别为 1.52 亿 t、18.27 亿 t 和 15.08 亿 t。20 世纪 70 年代以后,随着中游水土保持措施逐渐发挥作用,中下游的沙量开始减少,1960—1985 年 3 站相比较 20 世纪 50 年代分别减少 7%、32%和 27%。1986—1999 年上游主要是受龙羊峡水库和刘家峡水库联合运用的影响,中下游则主要受水土保持措施和天然来水的共同影响,输沙量较天然时期输沙量的 1/2 还少,3 站的输沙量较 20 世纪 50 年代天然时期分别减少 69%、57%和 55%。2000—2020 年,输沙量基本到了最小的时期,3 站输沙量只有 20 世纪 50 年代的 36%、13%和 7%,其中黄河下游减少最多,年均沙量仅有 1.13 亿 t。

表 3-1 黄河干流控制断面实测沙量

区段	站名	时段	年均水量/亿 m^3	汛期水量/亿 m^3	汛期占比/%	年均沙量/亿 t	汛期沙量/亿 t	汛期占比/%
上游	头道拐	1950—1959	237.3	146.4	62	1.52	1.27	84
		1960—1985	254.1	146.9	58	1.41	1.12	79
		1986—1999	165.7	66.9	40	0.47	0.30	64
		2000—2020	186.9	84.2	45	0.53	0.32	60
中游	潼关	1950—1959	427.6	261.8	61	18.27	15.90	87
		1960—1985	407.0	234.0	57	12.39	10.45	84
		1986—1999	262.8	120.5	46	7.77	5.83	75
		2000—2020	255.8	118.5	46	2.44	1.86	76
下游	花园口	1950—1959	477.8	294.3	62	15.08	12.81	85
		1960—1985	449.7	260.2	58	10.97	9.04	82
		1986—1999	276.3	131.1	47	6.84	5.79	85
		2000—2020	276.3	112.8	41	1.13	0.89	79

黄河流域水沙量主要集中在汛期,汛期水量占全年水量的 1/2 左右,沙量的比例则更大。近些年,随着人为因素和自然因素的共同影响,汛期水沙量的比例均有所减少(见图 3-4、图 3-5)。

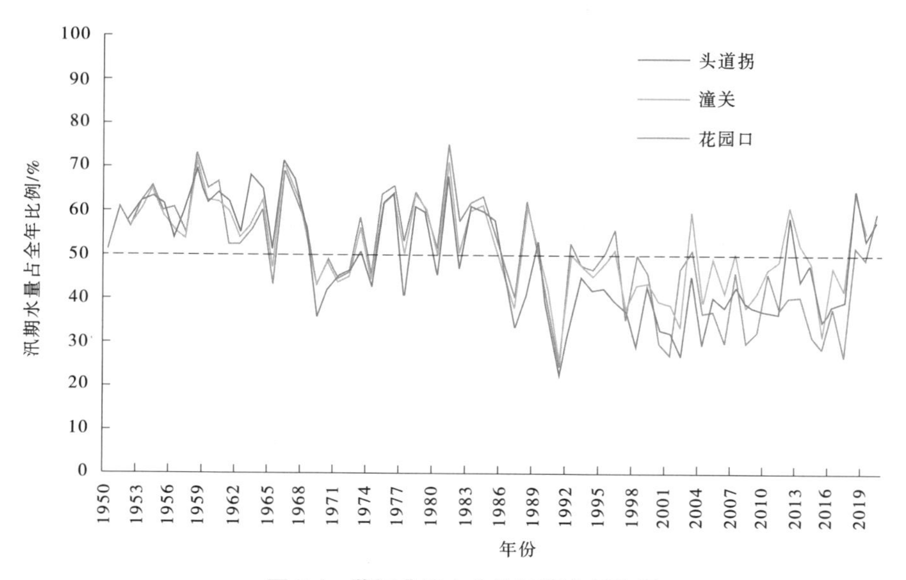

图 3-4 黄河典型水文站汛期水量比例

目前,黄河流域汛期水量和非汛期水量比例由之前的六四开,调整为四六开,即汛期与非汛期比例较之前恰好相反。1950—1959 年,头道拐、潼关和花园口等水文站实测汛期水量比例分别为62%、61%和62%。1986—1999年由于龙羊峡、刘家峡等大型水库的调蓄作用和工农业用水的影响,3站汛期水量比例分别降低为40%、46%和47%。2000年小浪底水库运用之后,至2020年,花园口水文站汛期水量比例降低至41%。

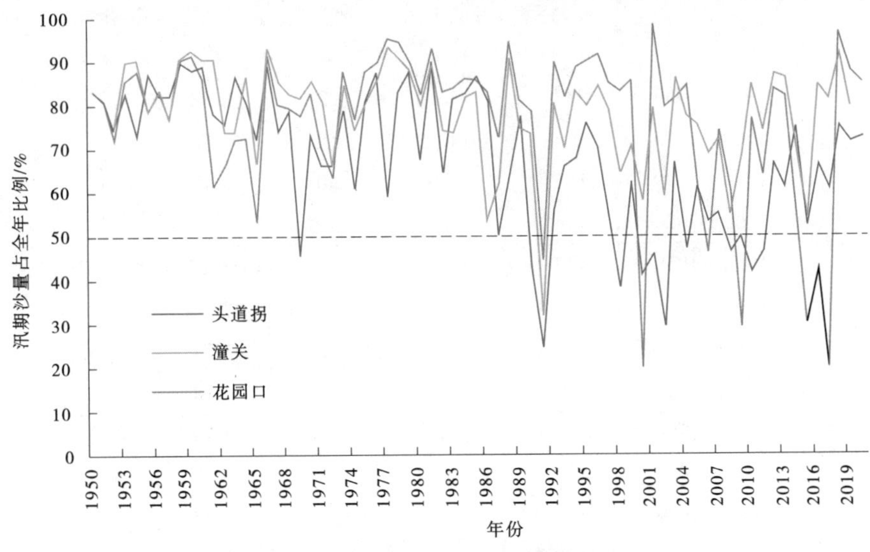

图3-5 黄河典型水文站汛期沙量比例

汛期沙量的比例也略有减少,较明显的是上游头道拐水文站,1950—1959年汛期沙量比例为84%,至1986—1999年和2000—2020年则减少为64%和60%。1950—1986年头道拐水文站多年汛期日均流量大于3 000 m^3/s的历时和水量分别为4.2 d、12.35亿m^3,1986—2020年流量大于3 000 m^3/s的流量级出现的天数很短,仅在1989年、1997年和2012年各出现过1 d。汛期有利于输沙的大流量历时和水量大幅减少,水流的动力大大减弱,汛期输送沙量相应减少。由于水库调蓄和中游水土保持的减沙作用,潼关水文站汛期沙量的比例也明显减少。1950—1959年潼关水文站汛期沙量占全年的比例为87%,至1986年后降低至75%左右。黄河下游花园口水文站汛期沙量比例也由1999年的85%,降低为2000—2020年的79%。但总的来说,黄河径流量在年内汛期、非汛期的分配比例发生了根本性变化,而输沙量仍然集中在汛期。

3.2.1.2 黄河水沙变化空间分布特征

黄河流域幅员辽阔,自然地理条件差别大,水沙来源明显不同。黄河流域的水量主要来自河口镇以上,而沙量主要来自河口镇—龙门区间。河口镇以上黄河流域面积38.6万km^2,占全流域面积的51.3%,来沙量仅占全河沙量的8.7%,而来水量却占全河水量的54%。黄河中游河口镇—龙门区间流域面积为11.2万km^2,来水量仅占全河水量的14%,而来沙量却占全河沙量的55%,是黄河泥沙的主要来源区。龙门—三门峡区间(渭河、洛河和汾河)来水量占全河来水量的32%,来沙量占全河来沙量的36%。

由于黄河水沙异源,加之上中下游的人类活动干扰程度与方式不同,因此无论是径流量还是输沙量,沿程减幅并不均匀。以1987—2016年为例,与基准期相比,径流量减幅自上而下沿程增加,其中兰州、头道拐、龙门和潼关等4个水文站的实测年均径流量分别减少了 20. 4%、33. 0%、42. 8%和 46. 6%，而输沙量减幅沿程基本上相当，比较均匀，在 70. 7%~75. 5%；含沙量则从上游至下游的减幅有所减小，上述 4 个水文站实测年均含沙量分别减少了 65. 4%、63. 4%、55. 2%和 45. 1%。1999 年小浪底水利枢纽蓄水运用以来，下游河道由累积性淤积转为累积性冲刷。河口段利津水文站 2010—2020 年平均径流量和输沙量较 1952—1986 年分别减少 48%和 86%。头道拐—龙门区间是泥沙减少的主要区间，说明减沙最多的正是产沙集中的地区；同时头道拐以上是径流的主要来源区，也是径流减少的主要区间。

3. 2. 1. 3 黄河水沙关系变化

自 20 世纪 60 年代以来，黄河水沙变化经历一个由渐变到“剧变”的过程。黄河干流径流和输沙序列的突变年份大多数发生在 1985 年。20 世纪 90 年代以前，黄河干流月径流量和月输沙量具有 0. 5~1 年、3~5 年和 7~9 年的周期性特征。由于上游宁蒙河段泥沙淤积严重，头道拐水文站自 1986 年后泥沙供给增加 18. 2%，而水流挟沙能力下降 8. 3%；中下游各水文站 1950—1999 年水沙关系存在较好的幂函数关系，但受小浪底水库调水调沙的影响，在 2000 年以后，如在 2000—2017 年，下游花园口、高村等水文站的水沙关系曲线较之前发生明显变化，幂函数关系消失(见图 3-6)。水土保持措施实施和大型水利工程运行是改变黄河干流水沙关系的主要原因。

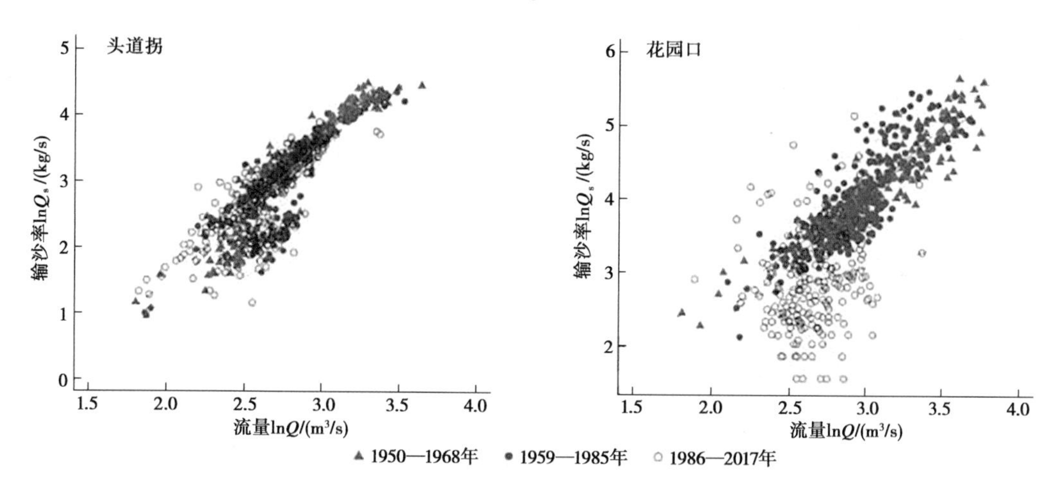

图 3-6 黄河干流 2 个代表性水文站水流流量与输沙率的水沙关系曲线

进一步分析表明，径流量、输沙量大幅减少且多数支流降雨天然径流关系发生明显变化，而实测径流泥沙关系却没有显著变化，即不少支流存在着径流泥沙减少的“量”变和径流与输沙关系“质”不变的不协同现象。同时支流径流泥沙关系变化在时间上不同步、在趋势上不一致，这一特征说明了流域面上产水产沙的不均匀性，对其径流泥沙关系在时间上、空间上变化的分异性机制有待进一步研究。黄河水沙变化并没有改变水沙关系不协调的特性(见图 3-7)，而且水沙关系不协调现象仍未明显改变。根据水沙搭配关系的判数来沙系数分析，虽然总体而言输沙量减幅大于径流量减幅，同时平均含沙量有所减少，但是来沙系数只减 45. 5%，年均为 0. 015 $kg \cdot s/m^6$，仍高于下游河道汛期冲淤平衡的临界来沙系数 0. 01 $kg \cdot s/m^6$，由此表明其径流泥沙减少并没有改变水沙搭配关系不合理的现象。

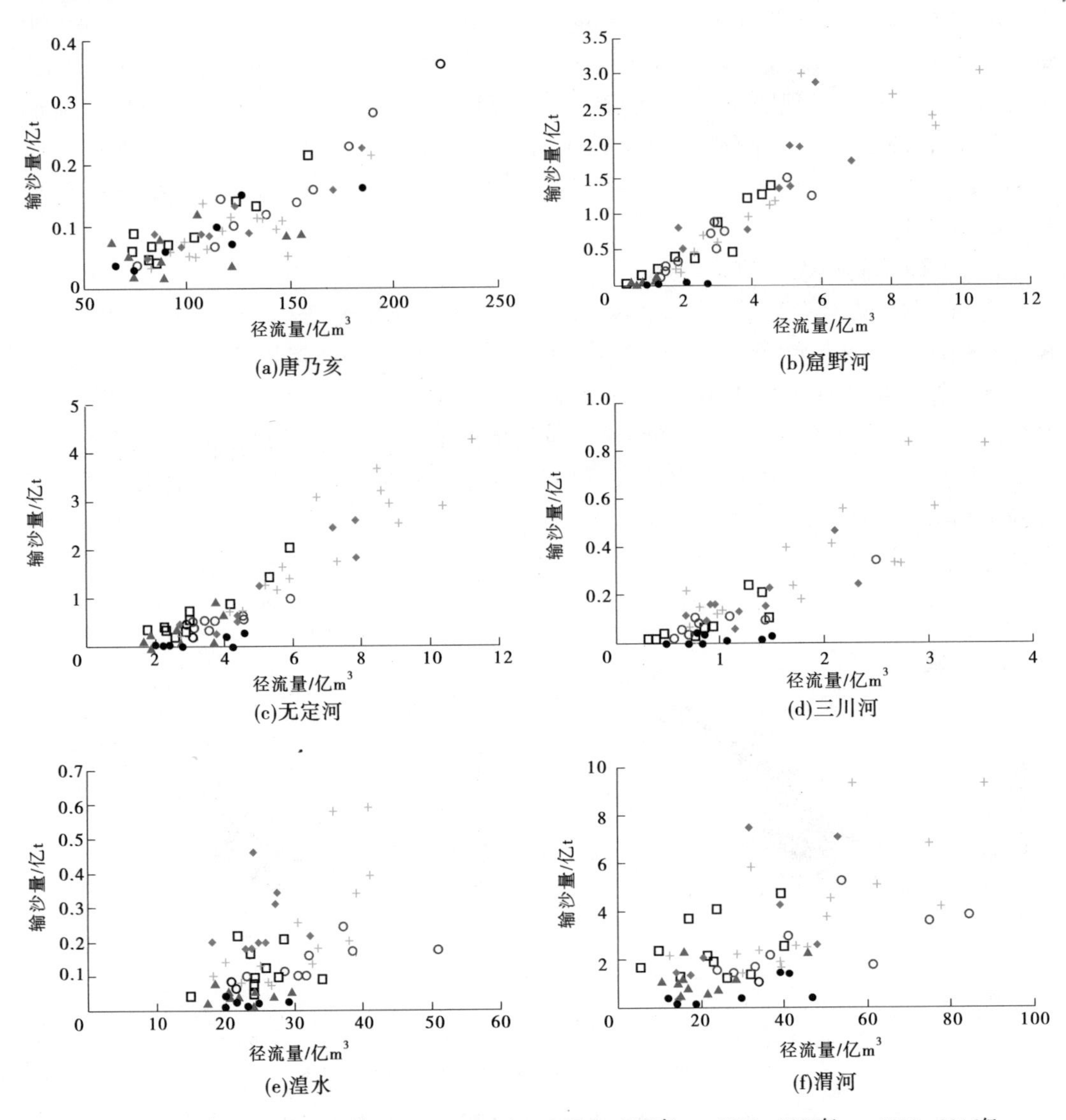

图 3-7　典型支流汛期实测径流-输沙关系

另外,如前所述,黄河径流量、输沙量年内分配比例的变化也更加不合理。大流量过程时间及相应径流量、汛期径流量占全年径流量的比例均减少,年内各月径流量分配趋于均匀化,是黄河径流年内分配变化的主要特征。

3.2.1.4　产流产沙变化

以无定河、汾河和孤山川等 6 个典型流域的 375 场洪水为例,采用统计分析和模型情景模拟的分析表明,在干支流水沙变化的同时,流域产流机制也有所变化,2000 年前后的超渗产流与蓄满/混合产流模式的场次比例由 7:3变为了 6:4。虽然流域少部分区域产流模式已发生变化,但黄河流域仍然以超渗产流模式为主。

另外,通过综合利用室内降雨试验、野外观测试验和机制模型模拟等技术手段研究发现,黄土高原典型流域的降雨-产沙、暴雨-洪沙和产沙-输沙三大关系发生显著变化。在降雨-产沙关系方面,相同产沙强度下,2010 年以来的次降雨量、雨强和降雨侵蚀力阈值较 1990 年前显著提升;在暴雨-洪沙关系方面,相同降雨侵蚀力下,2000 年以来产沙强度、次洪量和沙量分别减少 70%、50%、65%以上;在产沙-输沙关系方面,主要产沙区流域泥沙输移比减少了 70%以上。

3.2.2 黄河流域水沙变化成因

3.2.2.1 不同因素的影响作用

1. 林草植被对水沙变化的影响

植被通过增加降雨入渗、拦蓄径流、降低侵蚀动能等,从而减少土壤侵蚀。植被可提高流域产流的临界雨量,因此其减水减沙作用也存在临界现象。

对于坡面尺度,林草植被覆盖率在 50%~60%以下时,随植被覆盖率增加其减水减沙作用显著,但当大于这一临界值之后,则随覆盖率增加,减水减沙效益增幅明显降低(见图 3-8)。对于流域尺度,自然植被覆盖率 60%以上时,可抑制 30~50 mm 场次降雨不产生地表径流。在黄土高原不同侵蚀类型区,流域产沙模数≤1 000 t/(km^2·a)的林草有效覆盖率阈值为:盖沙区和砾质丘陵区约 45%、黄土丘陵区约 55%、砒砂岩区约 75%。若按产沙模数≤2 500 t/(km^2·a)标准,丘陵区第Ⅰ~Ⅳ副区的林草有效覆盖率阈值为 46%~52%,而丘陵区第Ⅴ副区和高塬区,林草有效覆盖率阈值大于 50%,流域产沙量也渐趋稳定,但因产沙机制特殊,即使林草梯田的有效覆盖率达到 70%,也难使产沙模数降低至 2 000 t/(km^2·a)以下。

2. 梯田对水沙变化的影响

一般来说,坡式水平梯田可拦蓄相邻两埂间坡面 10~20 年一遇的次降雨径流泥沙;对于 20 cm 以上的地埂梯田,可保证在 100 mm 以下场次降雨下梯田不被冲毁。因此,梯田能够发挥其水土保持效益的前提条件是降雨量及其强度,质量则是其充分发挥水土保持作用的保证。合理的流域梯田布局(如布置在流域上游好于下游,坡面上部好于下部)能提高梯田的减沙效益 20%左右。选择流域梯田比(指梯田面积与轻度以上水蚀面积之比)作为评价其减蚀作用指标,在流域梯田比 5%~30%范围内,梯田比与减沙幅度成正比,当梯田比大于 35%~40%时,其减沙作用基本稳定在 90%左右(见图 3-9)。另外,根据 2017 年无定河流域"7·26"特大暴雨水土保持综合考察研究结果,相对于坡耕地,农地修梯田减洪 71%,反坡梯田的油松侧柏混交和反坡梯田的油松林减洪 84%以上、减沙达 90%以上。

3. 淤地坝工程对水沙变化的影响

淤地坝可直接将泥沙拦截在坝库内,但随着淤地坝淤积泥沙的增加,其拦沙能力逐渐降低。统计表明,2011—2017 年黄土高原淤地坝共拦沙 10.5 亿 t,其中骨干坝、中型坝和小型坝的淤积量分别为 5.7 亿 t、2.3 亿 t 和 2.5 亿 t(见图 3-10)。截至 2017 年黄土高原仍有拦沙能力的骨干坝、中型淤地坝和小型淤地坝分别为 4 319 座、5 134 座和 12 855 座,空间分布见图 3-11(a),其中潼关以上的见图 3-11(b)。目前剩余库容为 22.5 亿 m^3。

此外,淤地坝还具有减蚀作用,即侵蚀沟道变为坝地后分散削减径流侵蚀动力,减少

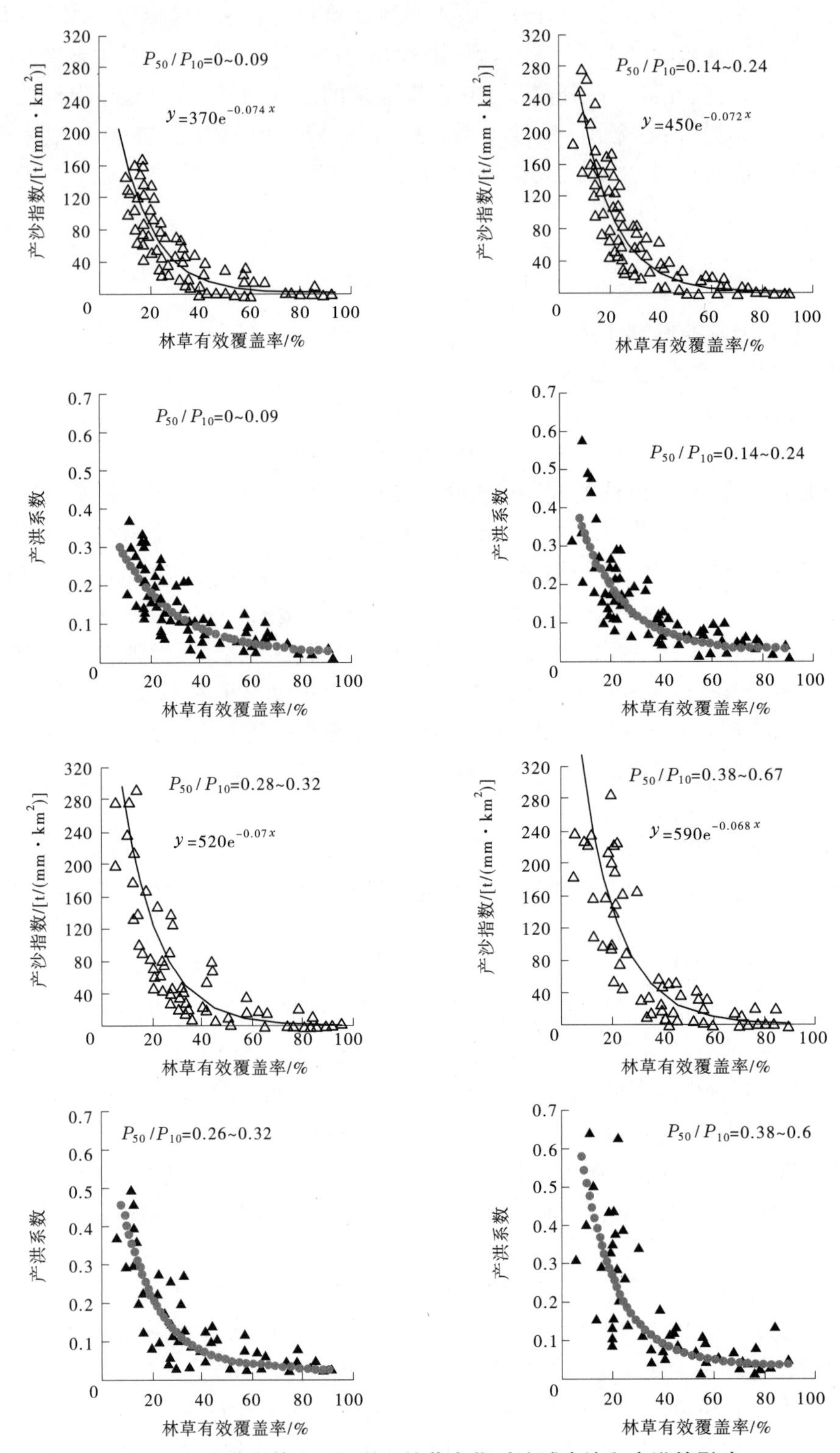

图 3-8　丘陵区第Ⅰ~Ⅳ副区林草变化对流域产沙和产洪的影响

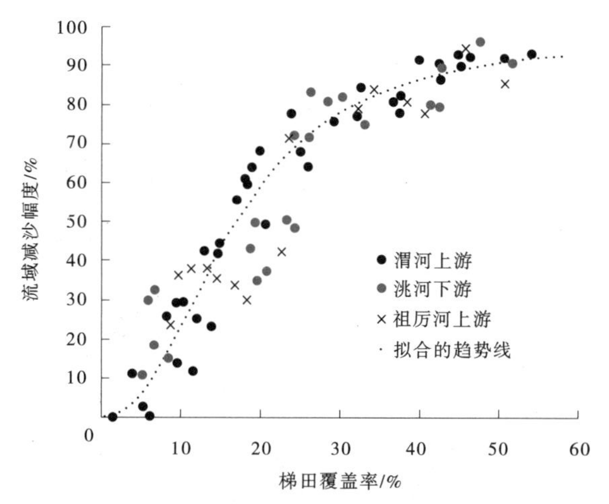

图 3-9　梯田覆盖率减沙效益变化规律

沟道侵蚀产沙,其作用具有长效性。淤地坝淤积泥沙后,坝体和坝前平缓坝地可致流速降低、挟沙能力下降,且因坝地延长,沟道整体坡降下降,侵蚀基准面抬升,各个沟道坝地末端尾水区发生壅水减速落沙,流域整体的淤积向上游发展,持续减沙。同时,淤地坝抬高侵蚀基准面,减少沟头溯源侵蚀和减轻坡沟系统重力侵蚀,也具有长效性。

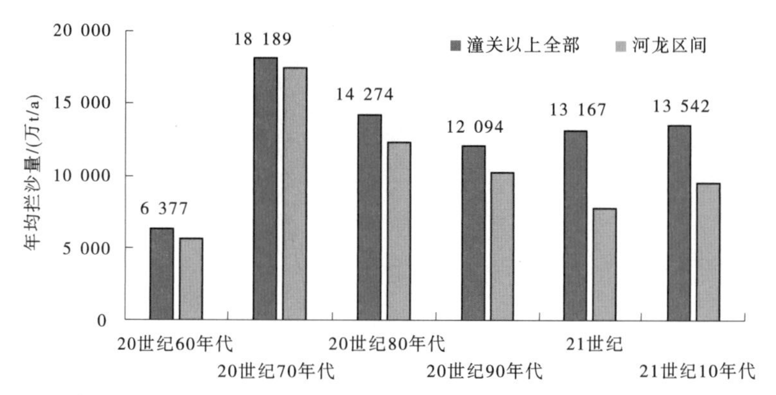

图 3-10　潼关以上和河龙区间淤地坝年均拦沙量

研究表明,对于淤地坝单坝来说,建坝沟道比无坝沟道的侵蚀减少 60%,沟头溯源侵蚀减少 62%以上;对于淤地坝坝系来说,对径流泥沙具有更大的调控效应,可使流域洪峰流量减小 65%,洪水总量减少 60%,输沙量减少 84%以上;淤地坝淤满后其侵蚀阻控机制由阻水拦沙变为滞洪落沙,仍可拦截 24%的泥沙量;淤地坝溃损后,淤积泥沙遵循“淤积一大片、冲刷一条线”的规律,根据对无定河、西柳沟等流域极端暴雨近百座溃损坝洪水调查,泥沙出库比小于 20%,不会出现“零存整取”的现象。

3.2.2.2　不同影响因素对水沙变化贡献

近年来,不少研究者持续对水沙变化影响因素的贡献作用进行了探讨。分析表明,2010 年以来主要产沙区日降雨量大于 25 mm 和 50 mm 的年降水总量比 1966—2020 年分别偏大 25%和 42%。但在此期间,黄土高原的产沙量相比 1980 年的减幅却超过 65%,由此说明降水不是引起黄河天然径流减少的主要原因,降水对水沙变化的影响作用近年来不断降低。

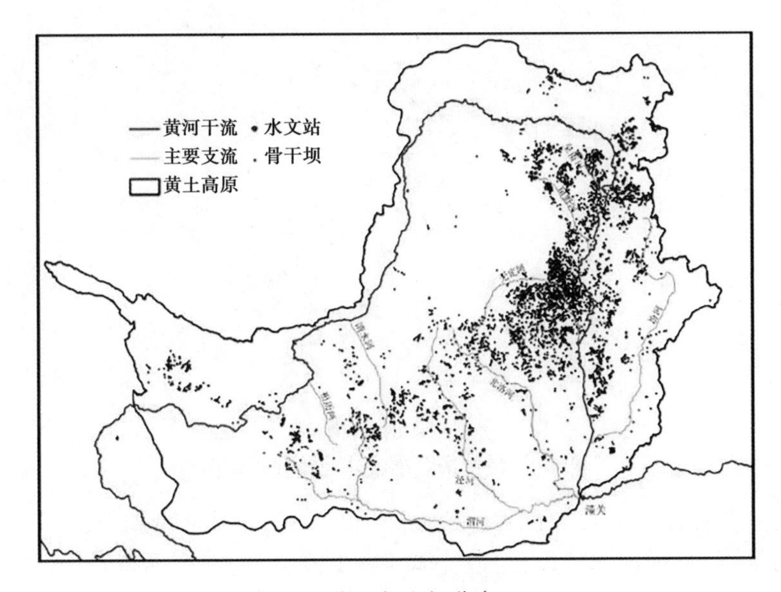

(a)淤地坝空间分布

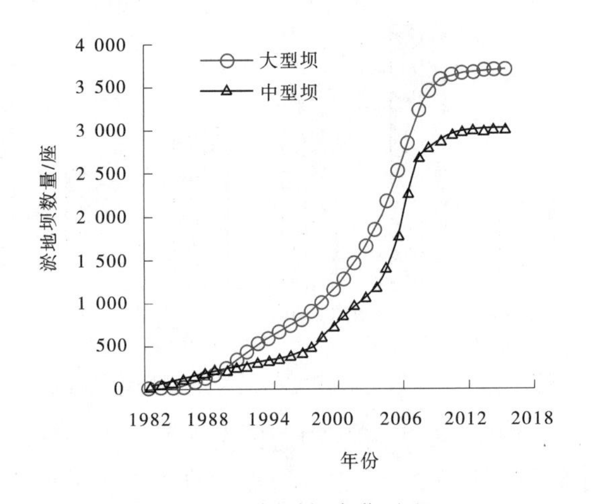

(b)淤地坝时间变化过程

图 3-11　黄河流域潼关以上淤地坝时空分布

黄河流域水土流失面积治理了近 50%,黄土高原林草植被覆盖率由 20 世纪 80 年代的 20%增加到现状的 63%,梯田面积由 1. 4 万 km^2 提升至 5. 5 万 km^2(见图 3-12),建设了各类淤地坝 5. 9 万座,累积拦截泥沙 194 亿 t,黄土高原主色调由黄变绿(见图 3-13),由此可见黄河流域下垫面已发生了剧烈变化,对流域产汇流和产输沙过程的影响已经占据主导地位。

Zhang 等发展了基于弹性系数理论的流域输沙变化归因分析方法,分割了降雨、潜在蒸散发和地表覆被特征对径流输沙变化的贡献量,从水土保持综合治理期的 1980—1999 年到退耕还林还草实施期的 2000—2014 年,生态恢复对径流减少的贡献量从 55%增加到

75%，对输沙减少的贡献量从63%增加到81%，植被恢复措施已经逐渐成为水沙减少的主导因子。

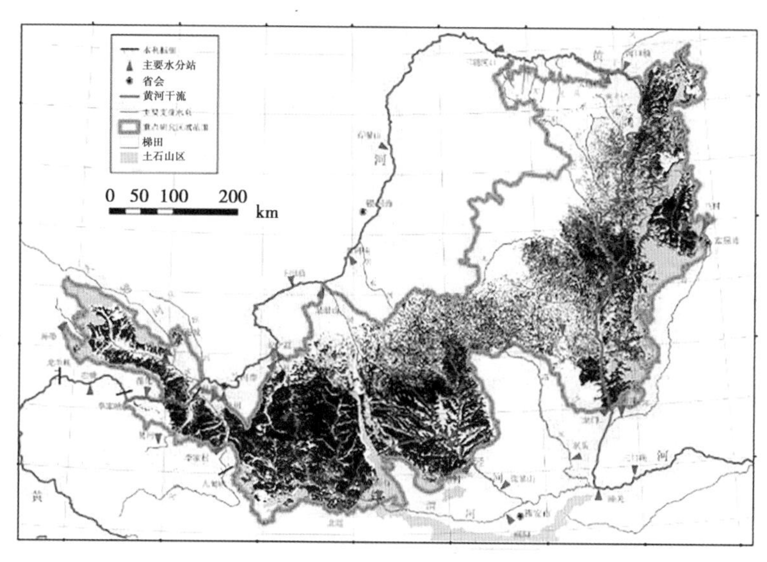

(a)梯田空间分布

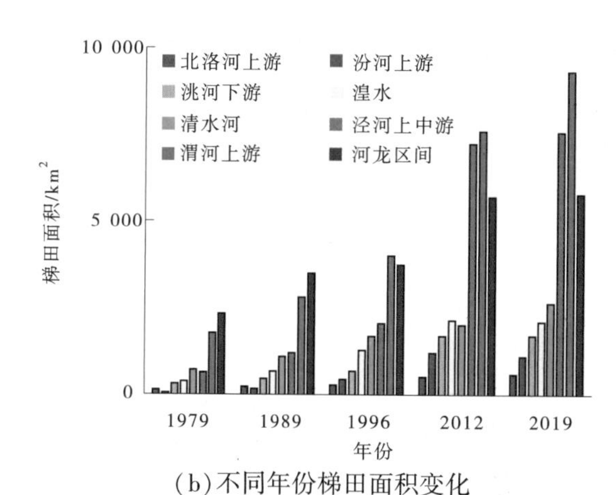

(b)不同年份梯田面积变化

图3-12 流域潼关以上梯田时空分布

Wang等对可变下渗容量大尺度水文模型(variable infiltration capacity macroscale hydrologic model,VIC)模拟过程进行了改进,使其能够充分考虑植被连续动态变化对水文过程的影响,并利用水文模型情景模拟方法创新性归因了气象因素年际趋势和年内分布变化、植被年际趋势和年内分布变化以及非植被下垫面变化对不同区间年天然径流变化趋势的影响(见图3-14)。研究表明,1982—2019年黄河流域天然径流量以3.71亿m^3/a变化速率下降,其中年际降雨、温度、风速变化和年内降雨分布变化对天然径流减少的贡献率分别为-15.1%、23.5%、-8.7%、1.4%;年际植被变化和年内植被分布变化对天然径流减少的贡献率分别为26.6%和6%;植被和气象参数交互效应贡献率为3.5%;非植被下垫面变化对天然径流减少贡献率为15.2%。

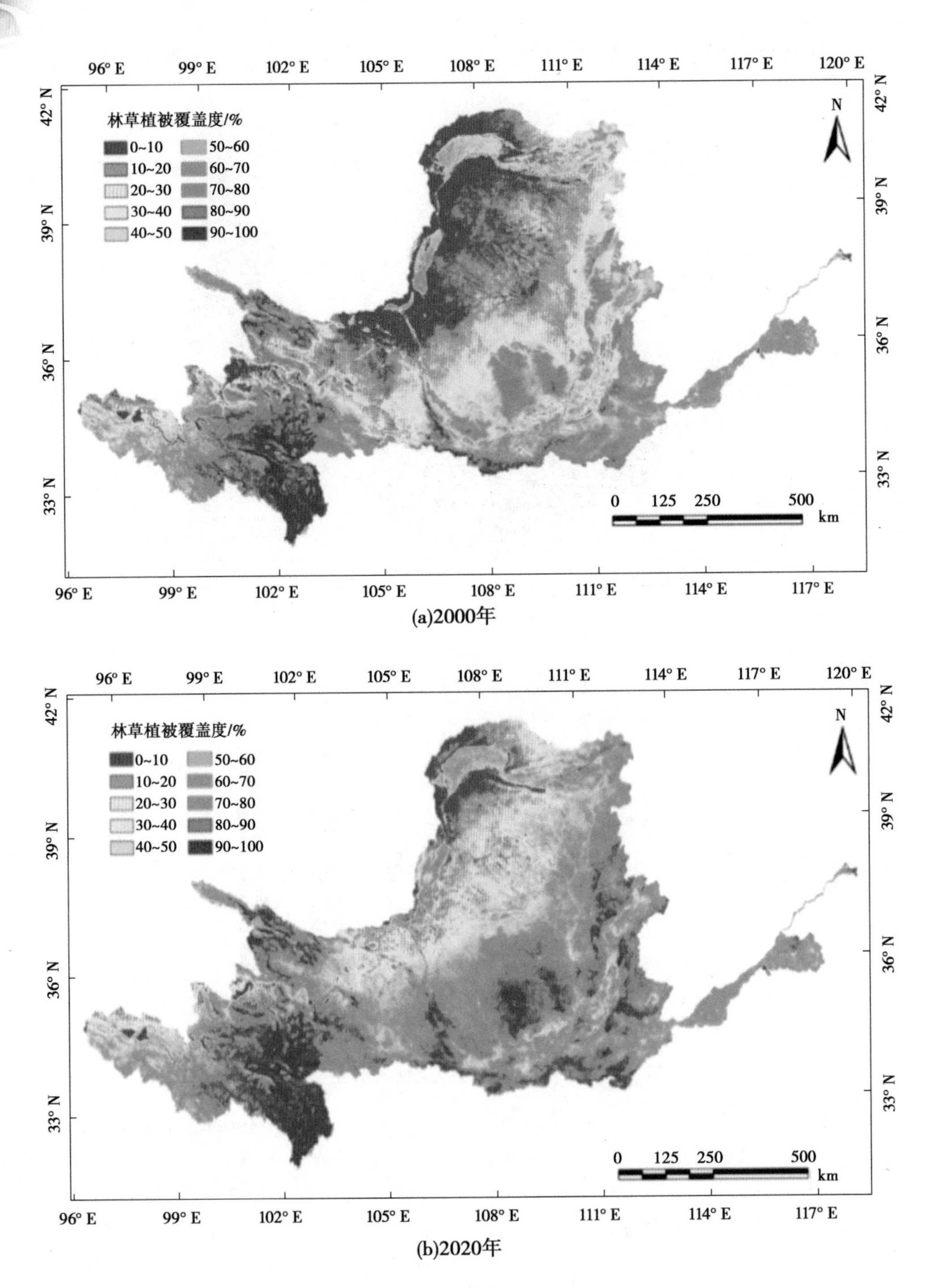

图 3-13 黄河流域林草植被覆盖度时空分布

刘晓燕等通过创建遥感水文统计模型，提出了适于下垫面总减沙量计算的水文法。通过计算分析表明，2000 年以来，植被和梯田是导致黄河沙量大幅减少的主要因素，坝库工程次之。较 20 世纪 60 年代以前基准期，2000—2009 年黄河潼关以上区域降雨、林草、

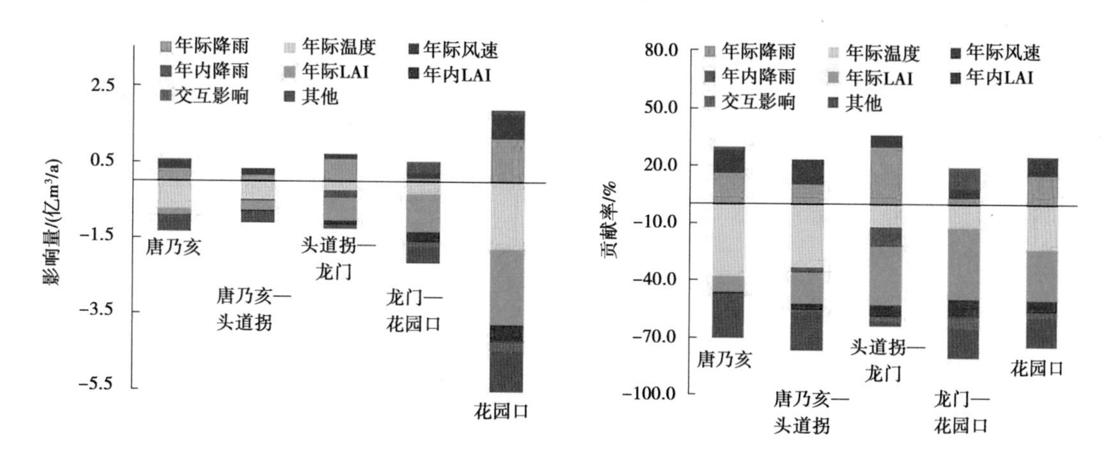

图 3-14 黄河流域不同区间 1982—2019 年天然径流量变化趋势

梯田、淤地坝、水库和灌溉的减沙贡献率分别为 9%、35%、27%、19%、9%和 1%；2010—2019 年黄土高原植被、梯田、淤地坝和水库的贡献率分别为 50. 1%、34. 1%、8. 8%和 7%（见图 3-15），其中河龙区间、北洛河上游和十大孔兑的植被减沙贡献率为 60%~75%，渭河上游和祖厉河等西部地区的梯田贡献率为 71%~82%。基于 2010—2019 年下垫面，如果重现 1919—1959 年的降雨条件，黄土高原产沙量约 5 亿 t/a（因坝库拦截，入黄沙量更少），较天然时期减少 70%。

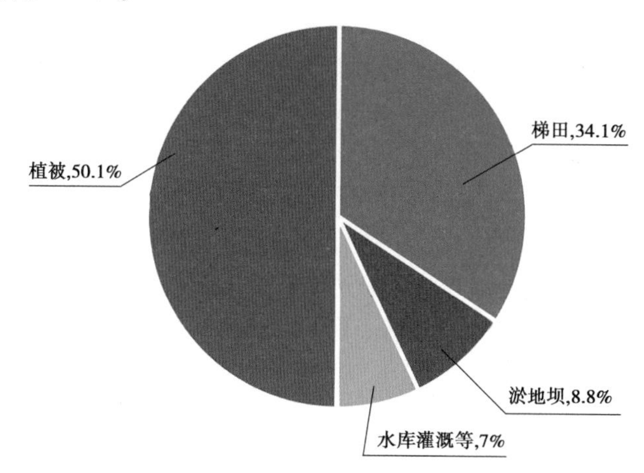

图 3-15 不同水利水土保持措施对潼关以上 2010—2019 年减沙的贡献率

针对大理河流域的分析表明，2002 年前后，人为活动影响贡献率由 75%增加到 90%，其中淤地坝贡献率由 58%减少到 27%，林草和梯田分别由 20%和 11%变为 40%和 32%。研究还发现，影响流域水沙变化的多种因素之间还存在耦合效应，径流变化中各措施的耦合贡献率占 10%~15%，输沙变化的各措施耦合贡献率占 20%~40%；措施合理配置，则可使减沙效益起到“1+1>2”的效果。

根据目前的研究成果，可以得出如下几点认识：

（1）黄土高原泥沙减少是径流减少和含沙量降低共同作用的结果，植被恢复主要通过改变径流进而减少输沙量，而淤地坝等工程措施主要通过改变水沙关系进而减少输沙

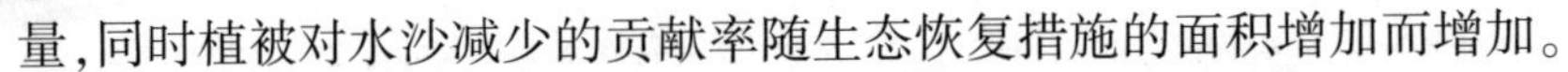

量,同时植被对水沙减少的贡献率随生态恢复措施的面积增加而增加。

(2)林草植被和梯田的减沙作用具有临界效应,抑制流域侵蚀产沙的有效林草覆盖率和梯田比的临界阈值分别约60%和40%;淤地坝工程直接拦沙减沙,并通过削减径流侵蚀功率和抬高侵蚀基准面间接减沙,淤满淤地坝溃损后淤积泥沙出库比大多<20%,没有明显的"零存整取"现象。

(3)2010—2019年,黄土高原植被、梯田、淤地坝和水库对潼关以上泥沙锐减的贡献率分别为50.1%、34.1%、8.8%和7%,其中河龙区间、北洛河上游和十大孔兑的植被减沙贡献率为60%~75%,植被是减沙的主导因素。

(4)影响流域水沙变化的多种因素之间还存在耦合效应,径流变化中各措施的耦合贡献率占10%~15%,输沙变化的各措施耦合贡献率占20%~40%。因此,合理的水土保持措施体系配置,可以起到"1+1>2"的减沙效果。

3.2.3　黄河流域水沙未来趋势预测

预测水沙变化情势对于治黄方略制定显得尤为重要,但由于黄河问题的复杂性,也一直是黄河水沙变化研究的热点和难点。

黄河流域的来水来沙量是一个动态变化的过程,受降水、气候、下垫面、治理措施以及政策等多方面的影响,具有很大的不确定性,因此预测黄河的来水来沙量是一个非常复杂的科学问题。

根据2000年以来相关的研究成果统计,对黄河未来年均来沙量的预测值基本上为3亿~8亿t/a。从目前的实际来沙量来看,预测结果还是有一定差异的。主要原因在于黄河水沙预测方法通常采用的是传统的水文分析法(简称水文法)和水土保持分析法(简称水保法),而这两类方法无法统筹考虑所有影响因素,同时还需要选择不少经验性计算参数,其中预测取用的减水减沙指标(参数)的选择及其统计来源、统计方法等也存在差别,导致采用不同方法、不同时期、不同边界条件下的预测结果会存在很大差异。此外,预测所依据的下垫面条件也在不断发生变化,特别是2010年以来,不仅林草、梯田和淤地坝等数量在显著增加,且质量也在稳步提升。因此,如果基于以前下垫面所建立的水沙关系对未来情况进行预测,其结果必将会偏大。

3.2.3.1　未来降水变化趋势

近期,有研究者利用国家气象信息中心1991—2018年中国地面2 472处观测站点降水月值格点数据,对潼关以上区域未来50年降水量进行了预测。采用第5阶段全球气候耦合模式比较计划(CMIP5)中典型浓度排放路径RCP4.5情景作为分析基础,该情景温室气体浓度为中低,对应的气候变化最具代表性,在未来发生的可能比较大。为降低模式误差,利用等距离累积概率函数映射法对CMIP5-RCP4.5数据进行偏差校正,其主要思想是相同位分数上未来与历史时段中模型与实测数据的偏差不变。分析表明,未来10年(2020—2030年)、20年(2020—2040年)和50年(2020—2070年)黄河潼关以上流域内年均降水量分别为437.57亿m^3、449.83亿m^3、471.06亿m^3,相较于1991—2018年的年均降水量431.35亿m^3略有增长,但是涨幅不大,分别约为1.44%、4.28%和9.21%。

3.2.3.2 未来径流量变化趋势

一般来说,河川径流的水量来源主要是降水,其变化直接影响径流丰枯。而人类活动则往往通过改变下垫面条件进而影响产汇流过程,最终改变流域产流。在区域径流量变化归因分析中,一般认为径流量与降水量的双累积曲线是定量衡量气候变化对径流量影响程度的重要依据。如果累积降水量与累积径流量间表现为线性关系,即流域径流量随降水量同步增减,则说明历史时期降水是影响径流量的主要因素,那么就可以采用双累积曲线预估未来径流量。根据有关研究表明,未来天然径流量与实测径流量均呈上升趋势,前者升幅相对较大。未来 10 年、20 年与 50 年潼关断面年天然径流量分别约为 407.38 亿 m^3、418.79 亿 m^3 和 438.55 亿 m^3;未来同期潼关断面年实测径流量分别为 229.72 亿 m^3、236.16 亿 m^3 和 247.30 亿 m^3。与 1991—2018 年 407.18 亿 m^3 的天然径流量及 233.80 亿 m^3 的实测径流量相比,未来 50 年天然径流量增加约 7.70%,实测径流量增加约 5.77%。

3.2.3.3 未来输沙量变化趋势

根据王光谦团队的研究,降水是造成黄河流域水土流失的主要原因之一;植被、水利水土保持措施等可削减流域土壤侵蚀的抵抗力,两者的对比变化决定了流域的来沙量。在目前水利水土保持措施条件下,减沙边际效益已达到相对稳定,因此在估计未来来沙量变化趋势时,可以假定水利水土保持措施的拦沙效率不变。依据黄河流域年输沙量多元回归模型,计算得到未来 50 年平均输沙量,潼关断面输沙量持续减少,至 2020 年左右到达最低点后,输沙量有所回升,但增长幅度不大,未来 10 年、20 年、50 年平均输沙量分别为 2.83 亿 t、3.13 亿 t 和 4.12 亿 t。

另外,胡春宏团队通过构建多因子驱动的黄河流域分布式水循环模型和流域水沙动力学模型,结合 Hydro Trend 模型、SWAT 改进模型、机器学习模型、人工智能模型等 9 种方法,采用统一的边界输入条件分别预测了未来 30~50 年水沙变化趋势,认为未来 50 年黄河潼关断面年平均径流量和输沙量分别为 240 亿 m^3 和 2.45 亿 t,在 90%置信区间下的径流量和输沙量分别为[164 亿 m^3,328 亿 m^3]和[0.79 亿 t、5.12 亿 t]。同时,还考虑了黄河流域未来极端暴雨下洪沙输移特征和可能沙量,通过还原计算分析,在 2007—2016 年下垫面情景下发生 1933 年黄河中游极端暴雨事件黄河潼关水文站可能沙量约 5 亿 t,比 1933 年实测输沙量减少了 34.1 亿 t,减幅为 87%。

刘晓燕等认为,2000—2019 年,潼关水文站年均输沙量仅 2.45 亿 t/a,“沙多”压力有所缓解,但还原坝库拦沙量后的流域产沙量为 5.64 亿 t/a,仍然远高于黄河下游的承受能力。未来如果能将林草梯田覆盖程度提高至理想情景,流域产沙量可降低至 4 亿~5 亿 t/a。但是,黄土高原植被极易受人畜破坏而退化,若退化至 2010 年水平,“龙华河洑”4 站(龙门、华县、河津、洑头 4 处水文站)沙量将反弹至 6.7 亿~7.1 亿 t/a。

从上述研究结果可以得出以下认识:

(1)未来降雨量有不断增加的趋势,不过增幅在 10%以下。

(2)未来天然径流量也有不断增加的趋势,其增幅同样不大。另外,不同研究者对未来 50 年的实测径流量预测结果却是比较相近的,约为 240 亿 m^3。

(3)对未来输沙量的预测结果有较大的差别,为 2 亿~5 亿 t。另外,未来出现大水大沙年的可能性是存在的。

3.3 面临的问题与研究展望

3.3.1 面临的问题

自20世纪80年代以来对黄河流域水沙变化进行了大量研究,总体来说,基本搞清了20世纪50年代以来黄河水沙变化的历史过程,基本共识了水沙变化突变年份的大致范围;分析了干流、区间和各主要支流水沙变化特点及其成因,特别是对1950—2020年不同时段的黄河水沙变化原因有了基本的认识和判断;宏观预测了未来黄河水沙变化趋势。在定性上存在共识、在定量上存在差异是黄河水沙变化研究的现状。一些研究成果之间的数据差异比较大,即使对同一区域,不同研究项目或不同研究者利用同样方法计算同一时段的减沙量也可能相差较大。目前,对水沙变化的研究及对其规律的认识仍面临如下一些问题。

(1)局部暴雨高含沙洪水仍时常发生。

通过长期持续大面积的治理尤其是退耕还林还草工程的实施,黄土高原整体植被覆盖度增加,不少区域已达到60%以上,明显减少了入黄泥沙。但是,在遇有局地暴雨时,一些支流的水土流失现象仍比较严重。根据相关参考文献数据统计,尽管近年来实测最大洪水的产流产沙量较以往历史洪水有所降低,但水流含沙量仍比较高。例如陕北绥德县、子洲县2017年“7·26”暴雨,无定河干流、支流大理河均出现高含沙大洪水过程,多处水文站出现超警戒洪峰流量。大理河上游青阳岔水文站26日4时洪峰流量1 800 m³/s(警戒流量为500 m³/s),为建站以来实测最大洪水,最大含沙量620 kg/m³;绥德水文站26日5时5分最大流量3 290 m³/s(警戒流量为1 350 m³/s),为1959年建站以来的实测最大洪水,超过实测最高水位4.11 m,最大含沙量达到837 kg/m³;无定河丁家沟水文站26日4时48分最大流量1 660 m³/s,为建站以来按洪峰流量大小排名第7位洪水,最大含沙量355 kg/m³;无定河进入黄河的控制水文站白家川26日10时18分洪峰流量4 480 m³/s,为1975年建站以来最大洪水,最大含沙量873 kg/m³,为2003年以来的最大含沙量。子洲、绥德2县发生严重洪涝灾害,城区不少车辆被损,水电通信中断,大水漫桥,青银高速等国道交通中断。子洲、绥德城区大范围积水,同时造成大量泥沙淤积,房屋被淤埋,经济损失严重。

以往成果大多分析的是平均降雨特征条件下的水沙产输关系,而缺少对水沙产输与场次暴雨尤其是大暴雨-下垫面耦合作用的内在关系的研究,不能全面回答大水大沙年、枯水枯沙年等典型水沙事件的成因,难以深刻揭示水沙变化机制。

(2)仍未实现流域面上的水沙调控。

水沙调控是一个全流域系统的水沙关系与水沙过程的再塑过程,这一优化塑造过程不仅需要通过水库运用、河道治理和水资源配置等途径加以实现,而且还需要通过水土保持精准治理进行流域面上的调控。而目前关于水土保持措施对水沙关系的调控作用并未引起人们应有的关注,缺乏对水沙变化动力机制、林草植被对产流产沙过程与水沙关系的调控机制等应用基础理论方面的深化认识。所建立的多因素贡献率评估方法、模型往往不能反映林草、淤地坝、梯田等措施与降雨相耦合的作用机制和对水沙关系调控的作用机制，难以通过水土保持精准实现流域面上水沙关系的优化调控。

（3）对未来水沙变化趋势的预测仍存在很大不确定性。

目前大多采用各类规划基础数据，利用基于线性叠加原理的“水土保持评估方法”或产流产沙模型推算未来的水沙量，而缺乏反映降雨-下垫面-人类活动耦合作用的具有物理机制的集成预测方法与模型，尤其是对大、中流域尺度上的未来降雨变化的预测没有突破性进展，同时还缺少对不确定性的合理定量评估，难以科学判断未来黄河水沙演化的趋势性走向。

总之，黄河水沙变化情势的许多内在规律还未被揭示，呈现的许多新问题还有待进一步破解，迫切需要在机制、方法与模拟方面进一步研究，准确把握水沙情势变化是治黄战略提出的新课题，可为科学制定治黄重大技术措施和管理对策等提供基础支撑。

3.3.2 应对建议

从水文学意义上说，气候-降水-下垫面-蒸散发-产流产沙构成了流域的水文系统。降水是气候的复杂响应函数，气候的小幅波动可引起降水的显著变化，而作为降水的承受体，流域下垫面又是由地质地貌、植被、人类构建物等多因素形成的水文边界复杂系统，因此流域产水产沙具有非线性、不确定性的特征，是一个具有关系、状态、特性的能量转化过程和物质输移过程。因而，需要应用复杂性科学的理论和方法，确定黄河流域水文系统各要素之间相互作用和影响的定性定量关系，认识黄河水沙变化的内在规律，建立预测新方法，准确判断水沙变化趋势。建议对以下问题开展深入研究：

（1）水土保持措施减蚀动力机制及其临界效应。

辨识林草植被对坡面产汇流过程调控及对降雨侵蚀能力消解的作用机制；揭示暴雨植被耦合减蚀作用临界、淤地坝拦沙能力时效临界，以及淤地坝对洪水过程的调控效应与机制；定量分析淤地坝拦沙作用与减少沟道侵蚀、坡面侵蚀作用的关系，为准确评估林草植被和淤地坝等措施对水沙量减少的贡献率提供理论基础。

（2）产流机制对植被作用的响应关系。

黄土高原大部分区域为干旱半干旱气候，产流过程多遵循超渗产流机制，但随着植被覆盖度的不断提高，产流机制是否会发生胁变，这已成为评价产流变化的基础问题之一。为此需要重点揭示植被作用下的水文响应过程，包括地表地下产流过程变化规律，植被对地表地下产流过程的调控作用及再分配机制，产流机制胁变的植被临界及其模型模拟技术等。

（3）暴雨洪水变化规律。

黄河径流泥沙多因暴雨洪水而产生，因此分析暴雨洪水变化规律对于认识水沙变化成因是非常重要的。需要通过产汇流机制、降雨径流关系、次洪水泥沙关系及水循环过程分析等，揭示黄河流域暴雨洪水时空变化特征、变化原因，以及暴雨洪水关系变化机制等。

（4）人类活动对流域水文系统干扰作用的评价方法。

利用科学方法，基于系统观点和调控理论，从流域复杂非线性水文过程角度出发，根据气候-降水-下垫面-蒸散发-产流产沙等复杂的多层次多系统响应关系，以认识黄河流域水沙变化情势为出发点,研究人类活动强烈干扰下复杂流域系统水沙情势预测理论与方法,对现有的“水文法”“水保法”等进行完善、改进,在预测方法的理论、关键技术上取得突破。

(5)支流产输沙与干流水沙变化及河道演变的响应关系。

研究下垫面变化对产输沙特性的影响,辨识流域系统侵蚀、沉积特性变化规律及其地貌环境因子对水沙关系变化的作用,分析大规模人类活动对支流河道径流输沙特性的影响,揭示流域产输沙-河道水沙变化-河道演变的耦合作用及响应关系,认识河道水沙变化的作用效应。

(6)黄河输沙量减少临界的科学度量。

黄河输沙量已显著减少,且不少人乐观地认为还会进一步减少,实现黄河变清。但是,需要考虑的问题是,黄河输沙量到底能减到什么程度?是不是减少得越多越好?或者说减少到什么程度是合适的?这对治黄方略的科学制定是极为重要的。在现阶段降雨等自然因素不可控的条件下,必须搞清楚黄土高原生态承载力及生态修复临界、水土保持作用临界和河流水生态水环境良性维持临界,以及保持黄河三角洲生态系统动态平衡与安全的约束条件,从总体黄河流域生态安全观解答上述问题,进而给出多重约束条件下的黄河输沙量减少的临界度量。

3.3.3 研究展望

气候变化在全球范围内不同程度地改变了流域水文过程,进而影响流域输沙量。20世纪以来,为改善日益恶化的生态环境,世界各国开展了广泛的生态恢复修复工程。人类活动驱动下的地表过程变化深刻影响了生态系统的结构和功能,以及空间分布,引起流域水沙过程变化。过去几十年,世界上大部分河流的径流量和输沙量均发生显著变化,不同区域、不同河流在不同阶段的水沙变化程度具有明显的差异性,而人类活动和气候变化对水沙变化的驱动作用也体现出较强的时空变异特征。因此,流域水沙变化已成为全球变化研究的重要组成部分,对其变化过程和驱动机制的认识有助于流域生态环境管理,对可持续发展决策也至关重要。

黄河水沙变化是事关黄河治理开发与管理的基础性战略性问题,水沙变化研究也是当前我国水科学领域的热门科学问题。近期国家发布的《国家自然科学基金“十四五”发展规划》和《黄河流域生态保护和高质量发展科技创新实施方案》在水沙变化研究方向提出以下新的要求:

(1)面向巨型水网灾害风险挑战,重点研究江河中长期水沙演变和预测,巨型水网水文效应与动力学,高效节水和水资源适应性管理理论,水资源空间均衡理论,水工程智能建造与安全服役理论,水灾害风险评估与防控,水生态安全保障理论。

(2)提升洪水泥沙预报与水沙调控技术水平。研发融合人工智能和水文机制的新一代水沙预报模型。兼顾防洪防凌减淤、供水发电和生态环境需求,创新水库群多维协同控制原理及调度技术。优化水沙调控体系和布局,明晰骨干工程功能定位与适宜规模。开发流域水工程联合调度系统,提高洪水资源化和蓄丰补枯能力。

(3)构建流域智慧管理技术体系。运用物联网、遥感和无人机等技术,提升水文气象和自然灾害的动态监测能力；研究自然-社会数据融合同化技术、数字孪生技术，拓展5G应用场景。构建水沙、生态和环境管控的模型体系和决策平台。

（4）通过持续开展水沙协同调控配置基础理论和关键技术研究，进一步创新水体、土壤、大气污染防治和危废处置技术，突破流域生态环境和水沙智慧监测与管理技术，推广流域深度节水、生态系统保护、产业绿色发展、污染综合防治、智慧黄河等技术示范，形成一批战略性新兴产业和生态产业示范区，支撑黄河流域生态保护和高质量发展战略目标实现。

（5）未来水沙动态的情景模拟与趋势预测。随着黄土高原坝库等工程措施拦沙能力的逐渐下降，在黄土高原维持一个可持续的植被生态系统对有效保持土壤和控制黄河输沙量反弹具有更加重要的作用。根据黄土高原地区综合治理规划大纲（2010—2030年），黄土高原未来还将继续实施大规模的生态建设工程。同时，以全球变暖为突出标志的气候变化，特别是极端天气事件的增加，进一步加速了流域水文过程的时空演变进程。亟须开展未来气候变化、社会经济发展和生态建设工程情景下水沙动态的趋势预测，为新时期黄土高原生态综合治理、水资源管理与黄河水沙管理提供对策建议。

参考文献

[1] 鲍振鑫，张建云，王国庆，等．基于水文模型与机器学习集合模拟的水沙变异归因定量识别——以黄河中游窟野河流域为例[J]．水科学进展，2021，32(4)：486-496.
[2] 胡春宏，张双虎，张晓明．新形势下黄河水沙调控策略研究[J]．中国工程科学，2022，24(1)：122-130.
[3] 胡春宏，张晓明，赵阳．黄河泥沙百年演变特征与近期波动变化成因解析[J]．水科学进展，2020，31(5)：725-733.
[4] 胡春宏，张晓明．关于黄土高原水土流失治理格局调整的建议[J]．中国水利，2019(23)：5-7，11.
[5] 胡春宏，张晓明．黄土高原水土流失治理与黄河水沙变化[J]．水利水电技术，2020，51(1)：1-11.
[6] 胡春宏，张晓明．近十年我国江河水沙变化、水沙调控与泥沙资源化利用研究[J]．中国水利，2022(19)：24-28.
[7] 胡春宏，张治昊．论黄河河道平衡输沙量临界阈值与黄土高原水土流失治理度[J]．水利学报，2020，51(9)：1015-1025.
[8] 胡春宏．黄河流域水沙变化机理与趋势预测[J]．中国环境管理，2018，10(1)：97-98.
[9] 李雅娟，张宇，田颖琳，等．多源数据驱动的黄河未来水沙变化趋势研究[J]．水力发电学报，2021，40(5)：99-109.
[10] 刘晓燕，党素珍，高云飞，等．黄土丘陵沟壑区林草变化对流域产沙影响的规律及阈值[J]．水利学报，2020，51(5)：505-518.
[11] 刘晓燕，高云飞，党素珍．黄土高原产沙情势变化[M]．北京：科学出版社，2021.
[12] 刘晓燕，高云飞．黄土高原淤地坝减沙作用研究[M]．郑州：黄河水利出版社，2020.
[13] 刘晓燕．关于黄河水沙形势及对策的思考[J]．人民黄河，2020，42(9)：34-40.
[14] 穆兴民，赵广举，高鹏，等．黄土高原水沙变化新格局[M]．北京：科学出版社，2019.
[15] 宁珍，高光耀，傅伯杰．黄土高原流域水沙变化研究进展[J]．生态学报，2020，40(1)：2-9.
[16] 王光谦，钟德钰，吴保生．黄河泥沙未来变化趋势[J]．中国水利，2020(1)：9-13.

[17] 吴丹,夏润亮,李涛,等. 黄河水沙变化数据仓库构建关键技术研究[J]. 人民黄河,2022,44(10):159-162.

[18] 谢发兵,赵广举,穆兴民,等. 黄河干流近70年来水沙关系变化[J]. 中国水土保持科学(中英文),2021,19(5):1-9.

[19] 姚文艺,高亚军,张晓华. 黄河径流与输沙关系演变及其相关科学问题[J]. 中国水土保持科学,2020,18(4):1-11.

[20] 张红武,李琳琪,彭昊,等. 基于流域高质量发展目标的黄河相关问题研究[J]. 水利水电技术(中英文),2021,52(12):60-68.

[21] 张金良,练继建,张远生,等. 黄河水沙关系协调度与骨干水库的调节作用[J]. 水利学报,2020,51(8):897-905.

[22] 中国水利水电科学研究院. 黄河流域水沙变化机理与趋势预测[R]. 北京:中国水利水电科学研究院, 2021.

[23] Bao Z, Zhang J, Wang G, et al. The impact of climate variability and land use/cover change on the water balance in the Middle Yellow River Basin, China[J]. Journal of Hydrology,2019,577.

[24] Jin J, Zhang Y, Hao Z, et al. Benchmarking data-driven rainfall-runoff modeling across 54 catchments in the Yellow River Basin: Overfitting, calibration length, dry frequency[J]. Journal of Hydrology: Regional Studies, 2022, 42:101119.

[25] Li W, Qian H, Xu P, et al. Tracing sediment provenance in the Yellow River, China: Insights from weathering, recycling, and rock compositions[J]. CATENA, 2023, 220:106727.

[26] Ni Y, Yu Z, Lv X, et al. Spatial difference analysis of the runoff evolution attribution in the Yellow River Basin[J]. Journal of Hydrology, 2022, 612.

[27] Shi W, Chen T, Yang J, et al. An improved MUSLE model incorporating the estimated runoff and peak discharge predicted sediment yield at the watershed scale on the Chinese Loess Plateau[J]. Journal of Hydrology, 2022, 614.

[28] Tian X J,Zhao G J,Mu X M,et al. Hydrologic alteration and possible underlying causes in the Wuding River,China[J]. Science of the Total Environment, 2019, 693:133556.

[29] Wang F, Xia J, Zou L, et al. Estimation of time-varying parameter in Budyko framework using long short-term memory network over the Loess Plateau, China[J]. Journal of Hydrology, 2022,607.

[30] Wang H, Sun F. Variability of annual sediment load and runoff in the Yellow River for the last 100 years (1919—2018)[J]. Science of the Total Environment, 2021, 758: 143715.

[31] Wang J, Shi B, Zhao E, et al. The long-term spatial and temporal variations of sediment loads and their causes of the Yellow River Basin[J]. CATENA, 2022, 209: 105850.

[32] Wang Y, Tang F, Jiang E, et al. Optimizing hydropower generation and sediment transport in Yellow River Basin via cooperative game theory[J]. Journal of Hydrology, 2022, 614.

[33] Wang Z, Tang Q, Wang D, et al. Attributing trend in naturalized streamflow to temporally explicit vegetation change and climate variation in the Yellow River basin of China[J]. Hydrology and Earth System Sciences, 2022, 26(20):5291-5314.

[34] Wu J W,Miao C Y,Duan Q Y,et al. Dynamics and attributions of baseflow in the semiarid Loess Plateau [J]. Journal of Geophysical Research: Atmospheres, 2019,124(7):3684-3701.

[35] Xiao H, Zhang J. Multi-temporal relations between runoff and sediment load based on variable structure cointegration theory[J]. International Journal of Sediment Research, 2022,38:216-227.

[36] Xu Z, Zhang S, Yang X. Water and sediment yield response to extreme rainfall events in a complex large

river basin: A case study of the Yellow River Basin, China[J]. Journal of Hydrology, 2021, 597: 126183.

[37] Ye S, Ran Q, Fu X, et al. Emergent stationarity in Yellow River sediment transport and the underlying shift of dominance: From streamflow to vegetation[J]. Hydrology and Earth System Sciences, 2019,23(1):549-556.

[38] Zhang J J,Gao G Y,Fu B J,et al. Formulating an elasticity approach to quantify the effects of climate variability and ecological restoration on sediment discharge change in the Loess Plateau,China[J]. Water Resources Research, 2019, 55(11):9604-9622.

[39] Zhao Y, Hu C, Zhang X, et al. Response of sediment discharge to soil erosion control in the middle reaches of the Yellow River[J]. Catena, 2021, 203: 105330.

[40] Zheng H Y,Miao C Y,Wu J W, et al. Temporal and spatial variations in water discharge and sediment load on the Loess Plateau,China: a high-density study[J]. Science of the Total Environment, 2019,666: 875-886.

第4章

黄河水资源节约集约利用

4.1 引 言

黄河流域最大的矛盾是水资源短缺。黄河流域位于我国北中部，属大陆性气候区，多年平均降水量为 446 mm，仅为长江流域的 40%；多年平均天然径流量约为 534. 8 亿 m^3，不到长江径流量的 7%，人均占有量仅为全国平均水平的 27%；地表水资源开发利用率和消耗率高达 86%和 71%，远超流域水资源承载能力。

平均而言，1956—2016 年除黄河上游湟水、黑河等部分流域的径流量和降水量增加、气温下降、潜在蒸散发减小外，黄河中下游流域径流量和降水量普遍减少（见图 4-1）。

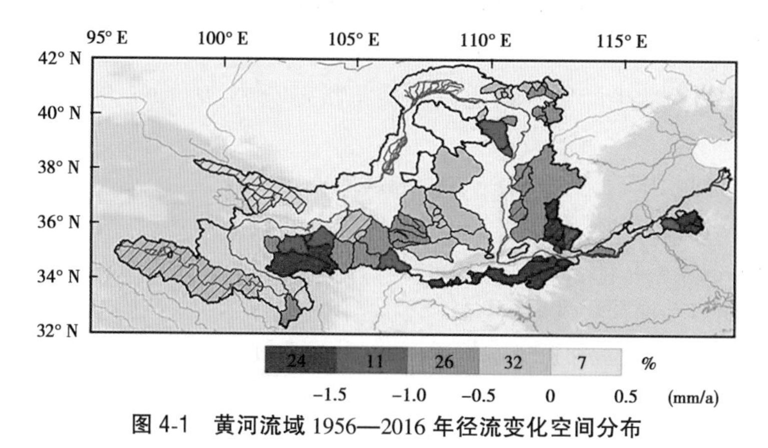

图 4-1 黄河流域 1956—2016 年径流变化空间分布

黄河流域径流变化主要发生在 1980—2000 年（见图 4-2），径流、气温、潜在蒸散发的概率统计特征变化明显，年径流的概率分布向低值方向集中，年均气温和潜在蒸散发向高值方向倾斜，年降水的概率分布无显著变化。黄河中游流域径流量变化率与降水量等气候因子变化率之比（径流弹性系数）较高，径流对各影响因素变化的响应相对敏感。下垫面变化是黄河流域径流变化的主要原因，降水变化次之，两者对上游流域的作用较为分散、不确定性大，对黄河中游黄土高原地区的作用明显且突出。潜在蒸散发对下游径流变化的贡献大于对上游径流变化的贡献，但总体贡献较小。

自 20 世纪 50 年代以来，随着国民经济的发展，黄河供水量不断增加。1950 年黄河流域供水量约 120 亿 m^3，主要为农业用水；1980 年黄河流域用水达到 446 亿 m^3；近 30 年黄河年均供水总量 500. 47 亿 m^3，其中地表水供水量 375. 54 亿 m^3，占总供水量的 75%，地下水供水量 124. 93 亿 m^3，占总供水量的 25%。不过受黄河水资源可供水量“天花板”制约，近 20 年来黄河流域用水量基本没有增加。

近 30 年黄河流域农业平均用水量 385. 46 亿 m^3，占总用水量的 77. 0%，工业和生活多年平均用水量为 64. 88 亿 m^3 和 50. 13 亿 m^3，分别占总用水量的 13. 0%和 10. 0%。从近 30 年用水结构演变来看，农业用水占比呈明显下降趋势，从 1989 年的 84. 3%下降至 2019 年的 70. 4%左右；工业用水占比呈微增趋势，从 1989 年的 10. 4%增加至 2003 年的

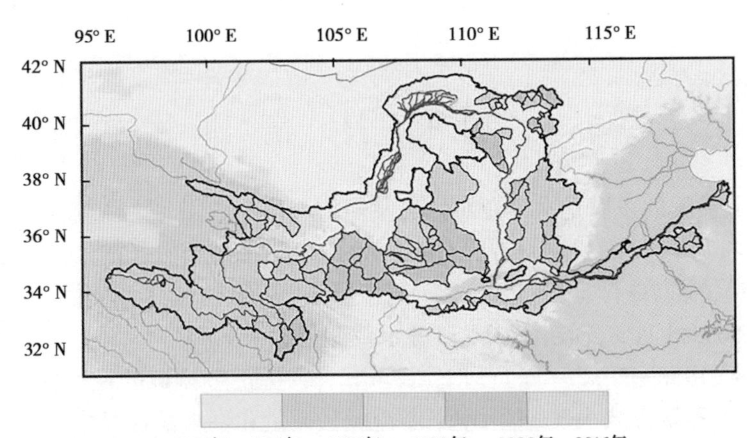

图 4-2　黄河流域 1956—2016 年径流突变年份

15.5%,之后稍有减少;生活用水占比则呈稳步增加趋势,从 1988 年的 5.4%稳步增至 2019 年的 18.7%。

在径流变化过程中,水资源利用较为粗放,农业用水效率不高,高达 80%的水资源开发利用率远超一般流域 40%的生态警戒线。水资源供需矛盾加剧,部分支流和河段水污染问题突出,水源涵养功能明显降低等问题一直未能得到解决,严重影响着黄河流域生态环境安全和经济社会高质量发展。

为有效、系统地解决黄河流域水资源问题,黄河流域生态保护和高质量发展重大国家战略明确提出了“要坚持以水定城、以水定地、以水定人、以水定产,把水资源作为最大的刚性约束,合理规划人口、城市和产业发展,坚决抑制不合理用水需求,大力发展节水产业和技术,大力推进农业节水,实施全社会节水行动,推动用水方式由粗放向节约集约转变”“推进水资源节约集约利用”的战略目标任务。中共中央、国务院印发的《黄河流域生态保护和高质量发展规划纲要》进一步提出了“实行最严格的水资源保护利用制度,全面实施深度节水控水行动,坚持节水优先,统筹地表水与地下水、天然水与再生水、当地水与外调水、常规水与非常规水,优化水资源配置格局,提升配置效率,实现用水方式由粗放低效向节约集约的根本转变,以节约用水扩大发展空间”的重大举措。因此,研究黄河流域水资源节约集约利用理论与技术是国家战略的重大需求,对于促进我国水资源领域科技进步也具有重大意义。

针对黄河重大国家战略需求和黄河流域水资源领域存在的突出问题,在近年的国家科技计划中先后列出了不少相关研究专项。2021 年在国家重点研发计划“长江黄河等重点流域水资源与水环境综合治理”重点专项中列设了“黄河水源涵养区环境变化的径流效应及水资源预测”项目,其目的是以黄河水源涵养区为主要研究区域,以“数据获取-数据融合-数据集构建-演变规律挖掘”为总体思路,构建黄河水源涵养区多源数据融合产品,研究生态水文关键要素演变规律,评估水源涵养能力。在 2022 年完成的国家重点研发计划“黄河流域水量分配方案优化及综合调度关键技术”项目,围绕变化环境下流域水资源供需演变驱动机制、缺水流域水资源动态均衡配置理论、复杂梯级水库群水沙电生态耦合机制与协同控制原理3大科学问题，揭示了变化环境下流域水资源供需演变驱动机制，提出了变化环境下缺水流域水量分配方案适应性综合评价方法，创建了缺水流域水资源动态均衡配置和梯级水库群水沙电生态协同控制理论技术。

国家自然科学基金也资助了不少有关黄河水资源研究领域的项目，在理论和应用基础方面取得了多项成果。这些研究成果为黄河水资源优化配置、水量调度与管理，提升缺水流域水资源安全保障提供了重要的科技支撑。

4.2 主要研究进展

黄河流域属于严重的资源性缺水地区，极大地制约着该区域的经济社会发展和生态环境改善，对高质量发展和乡村振兴带来极大挑战。黄河流域生态保护和高质量发展重大国家战略将水资源节约集约利用列为了重要的目标任务，并提出了把水资源作为最大刚性约束，以水定城、以水定地、以水定人、以水定产，推进水资源节约集约利用的重大举措。然而，黄河流域灌区众多且规模大，能源开发集中和产业多元化，50多座大中城市、占全国12%的人口和占全国17%的耕地均以黄河作为重要的水源地，因此，水循环水耗损过程极为复杂，实现水资源节约集约利用面临一系列的科学难题。近年来尤其是黄河重大国家战略实施以来，对黄河流域水资源节约集约利用方面的科学研究已成为水资源、生态环境、经济社会等领域极为关注的课题，并取得了丰富的研究成果。目前，黄河水资源节约集约利用研究主要集中于节约集约利用政策及机制、节约集约利用关键技术、关键对策措施与效果评价等方面，而且在评价方法等方面取得了明显进展，为黄河重大国家战略实施提供了科技支撑。

4.2.1 黄河水资源节约集约利用政策及机制

落实黄河水资源的节约集约利用，是有效应对资源性缺水掣肘经济社会可持续发展的重要路径之一。通过界定节约集约利用在水资源领域的基本内涵，结合对现行水资源立法的考察与检视，建立流域性节约用水理念与节约集约化理念，开展节约集约利用的统筹性管理和立法顶层设计，理顺流域管理体制等对实现黄河重大国家战略确立的节约集约利用水资源的目标任务是非常必要的。

2021年10月8日，中共中央、国务院印发了《黄河流域生态保护和高质量发展规划纲要》，为当前和今后一个时期黄河流域生态保护和高质量发展提供了纲领性文件，为制定实施相关规划方案、政策措施和建设相关工程项目提供了重要依据。

2021年12月，国家发展和改革委员会联合水利部、住房和城乡建设部、工业和信息化部、农业农村部印发《黄河流域水资源节约集约利用实施方案》（发改环资〔2021〕1767号，简称《实施方案》）。《实施方案》明确，到2025年黄河流域万元GDP用水量控制在47 m^3 以下，比2020年下降16%；农田灌溉水有效利用系数达到0.58以上；上游地级及以上缺水城市再生水利用率达到25%以上，中下游力争达到30%；城市公共供水管网漏损率控制在9%以内。《实施方案》提出，实施黄河流域及引黄调水工程受水区深度节水控水，既要强化水资源刚性约束，贯彻“四水四定”、严格用水指标管理、严格用水过程管理，又要优化流域水资源配置,优化黄河分水方案,强化流域水资源调度,做好地下水采补平衡。《实施方案》提出的推动重点领域节水采取的重大途径包括:一是强化农业节水,推行节水灌溉、发展旱作农业、开展畜牧渔业节水;二是加强工业节水,优化产业结构、开展节水改造、推广园区集约用水;三是厉行生活节水,建设节水型城市、实行供水管网漏损控制、开展农村生活节水。《实施方案》强调要推进非常规水源利用,强化再生水利用,促进雨水利用,推动矿井水、苦咸水、海水淡化水利用。在流域、区域和城市尺度上,构建健康的自然水循环和社会水循环,实现水城共融、人水和谐。坚持"节水即减排""节水即治污"理念,推动减污降碳协同增效。《实施方案》要求要完善节水标准体系,完善用水权交易制度,用好财税杠杆,发挥价格机制作用;引导社会资本积极参与,培育节水产业;引导群众增强水资源节约与保护的思想认识和行动自觉。

4.2.2　水资源集约节约内涵

厘清水资源集约利用概念、内涵等理论问题对于贯彻落实黄河重大国家战略是非常必要的。水资源集约利用更强调一种经济性思维,更注重水资源投入与产出的动态关系,强调生产要素集中投入,追求产出效益最大,主要表现为提高水资源的循环利用水平。水资源集约利用的内涵为基于区域生态保护和高质量发展理念,将水资源作为最大刚性约束,通过企业、工业园区、区域、产业循环用水模式的设计以扩大水资源循环利用率,以有限的水资源投入,获取最大化的经济、社会和生态效益回报。农业水资源的集约利用主要方向应建立在土地流转的基础上,集中灌溉耕地,大面积推广高效节水灌溉措施;工业水资源集约利用模式需从微观、中观、宏观三个尺度进行分析,分别对应工业企业、工业园区、城市区域或产业间。

水资源集约安全利用的评价工作是贯彻落实"节水优先、空间均衡、系统治理、两手发力"治水思路的必然要求和重要任务之一。

把水资源作为最大的刚性约束已成为新形势下强化黄河水资源节约集约利用与管理、促进经济社会高质量发展的必然要求。针对黄河先天来水不足、水资源过度开发、超量用水、流域内用水效率不高、节水意识不强等问题,有研究者提出了要严格取用水的动态监管,强化需求侧"约束倒逼"和供给侧"优化提升"双向发力,从使命担当、底线思维、法律制度、精准化管理、信息化等五个方面实施水资源刚性约束,推动用水方式转变,使经济社会发展与水资源承载力相适应。

黄河流域水资源可持续利用有三大核心:水量、水质及水效。因此,需要围绕这三大核心问题,剖析实现黄河流域水资源可持续利用的路径抉择,并从顶层谋划、提升供应能力、完善水权交易、健全生态补偿机制及建设节水型社会等五个方面制定实现黄河流域水资源可持续利用的对策措施。

4.2.3　黄河流域水资源利用技术

4.2.3.1　水资源开发利用分析与评价

通过对流域水资源承载力进行时空动态综合评价研究,可为实现流域水资源的有效调控,从而提高水资源承载能力提供基础支撑。涉及黄河流域水资源承载力的研究有很多,目前大多集中在对全流域、个别省份或各地市的水资源承载力研究方面。例如,有研究者利用 PSR 模型构建了黄河流域水资源承载力评价指标体系,运用纵横向拉开档次法对 2010—2019 年黄河流域 9 省(区)水资源承载力进行评价,研究发现 9 省(区)水资源承载力呈上升趋势,且存在明显的空间差异,特别是甘肃、河南处于严重超载状态。

左其亭等针对黄河流域 9 省(区)构建了涵盖水资源、生态环境、经济社会 3 个准则层的评价指标体系,采用层次分析法和熵权法组合赋权的 TOPSIS 模型对 9 省(区)的水资源承载力进行了综合评价。分析结果也表明,9 省(区)的水资源承载力呈逐渐增大趋势,空间差异明显。还有研究者通过构建由水资源、经济社会、生态环境构成的指标体系,采用由熵权法和层次分析法组成赋权的模糊集对分析法和障碍度模型,评价了黄河流域各省(区)的水资源承载力。结果表明,各省水资源承载力总体上改善趋势明显,而宁夏回族自治区和内蒙古自治区并没有明显提升。

在对河南省等研究区域的水资源承载力的一项研究中,有研究者提出了一种包含水资源-经济-生态的水资源承载力评估框架,并运用 EFAST-cloud 模型对河南省水资源承载力进行了评估,认为总体上有所提高,但仍有很大的提升空间。

通过梳理《黄河流域综合规划(2012—2030 年)》和《黄河流域水文设计成果修订报告》中的相关成果,综合设定 12 种供需情景,结合黄河流域经济社会发展规划、节水规划等开展 2030 年流域经济社会需水量预测、分析评价流域水资源承载能力的研究表明,未来 10 年内黄河流域水资源供求形势严峻,现状水资源条件及开发利用方式难以支撑经济社会的可持续发展。

黄河流域经济社会发展与水资源利用水平之间的和谐平衡是实现黄河流域高质量发展的有力支撑。目前的研究多集中于水资源利用与经济发展的脱钩关系方面。通过分析 2004—2018 年黄河流域水资源与经济发展的脱钩驱动因素与趋势发现,黄河流域不处于水资源紧缺状态,但与农业水足迹为弱脱钩态势,和工业水足迹由弱脱钩逐渐转向强脱钩。有研究者运用 Tapio 脱钩指数模型对黄河流域水量足迹、水质足迹与经济发展脱钩程度的进一步研究表明,2000—2019 年黄河流域水量足迹整体呈上升趋势,水质足迹呈波动下降态势。水量足迹、水质足迹与经济发展多处于相对脱钩和弱脱钩状态。还有研究者将能值理论和水生态足迹法相结合构建了能值水生态足迹模型,进而计算和分析了黄河流域的能值水生态足迹、能值水生态承载力和水生态盈亏状况。结果表明,黄河流域能值水生态足迹呈逐年平稳上升趋势,流域水生态赤字没有改变,生态环境用水生态足迹占比最低,除黄河流域青海、四川和甘肃外,其余省(区)水资源利用呈不可持续状态。

左其亭等通过构建资源-环境-经济-社会多元投入产出指标体系,将基于全新投入视角的 Super-SBM 模型应用于黄河流域水资源利用效率研究,并结合 Tapio 脱钩理论构建不同适配模型。研究发现,黄河流域水资源整体利用效率较低,青、川、宁、陕、豫 5 省(区)经济社会发展未能与水资源利用实现良性解耦。也有研究者通过构建高质量发展评价指标体系,测算了黄河下游 2010—2017 年高质量发展水平,并利用 Copulas 函数和灰色关联度分析法评估了黄河下游水资源利用量与高质量发展间的关联程度,认为黄河下游用水总量与高质量发展水平整体呈现稳定上升趋势。

黄河流域水资源供需矛盾突出,在有限的水资源条件下,对黄河流域水资源开发利用情况进行摸底调查、分析评价,有利于合理规划人口、城市和产业发展。目前已有大量关于黄河流域水资源开发利用情况、特征、强度等方面的研究。根据流域、省域、地市域3个尺度对黄河流域水资源的开发利用程度的时空分析表明,黄河流域万元GDP用水量和万元工业增加值用水量水平不断提升;流域地表水利用率较高。Jiaqi Sun 等通过信息熵、洛伦兹曲线、基尼系数和M-K检验方法,揭示了黄河流域水资源利用特征的时空分布特征,认为流域内单一用水结构的主导地位呈下降趋势,各用水部门间的均衡程度有所提高,用水结构更加合理和多样性。农业用水量的空间分布特征呈高度均匀,而工业用水量和生活用水量空间分布不均,且农业用水量所占比例最大。有研究者以黄河二级流域为基本单元,采用对数均值迪氏指数法分析了2003—2015年黄河流域用水量的时空演变特征,分析认为,人口与人均GDP增长是用水量增加的主导因素,人均用水量空间差异显著,用水强度对人均用水量空间差异的影响最显著。

根据彭少明等对近30年黄河径流演变及流域供用水变化特征分析,未来一个时期黄河天然径流量将进一步衰减到460亿 m^3,2035年流域总需水量增长到628.2亿 m^3,流域缺水量将达153.2亿 m^3,水资源短缺长期制约流域经济社会高质量发展。贾绍凤等通过估算预留生态(含输沙)水量(80亿~120亿 m^3)、下游南水北调及海水利用可替代黄河供水量(25亿~45亿 m^3)及上中游部分产业发展需水,进而提出了向黄河上中游分配更多水量指标的水资源战略配置方案,并提出完善水权转让与补偿机制。Yingjie Feng 等以2000—2020年黄河流域9省(区)为研究对象,综合水量和水质构建了黄河流域水资源利用强度评价指标体系,运用描述统计法、对数均值迪氏指数法和最小二乘误差模型,分析了水资源利用强度的时空分异和驱动因素,研究认为,水污染指数总体呈逐年下降的趋势,且下降趋势比水资源指数更为明显,强度、结构、开发和经济等因素促进了水资源利用强度的下降。

总体来说,近20年来黄河流域地表水资源开发利用率呈持续上升趋势,2001—2019年黄河流域多年平均地表水供水量376.30亿 m^3,年均入海水量159.82亿 m^3,流域地表水资源开发利用率高达80%,远超一般河流40%的生态警戒线。2001—2019年平均地下水供水量127.89亿 m^3,其中平原区浅层地下水开采量约100亿 m^3,占平原区地下水可开采量的92%,但地区分布不平衡;甘肃、宁夏、陕西等省(区)共有25个浅层地下水超采区,均为中小型超采区。

4.2.3.2 水资源利用效率分析与评价

提升水资源利用效率是有效缓解缺水地区水资源供需矛盾、实现经济可持续发展的重要途径。自2019年起,关于黄河流域水资源利用效率的相关研究明显增多,且大多以不同的尺度为研究对象,如黄河流域城市群、中下游、沿线各省(区),对水资源利用效率及其影响因子进行分析。

有研究者采用Super-SBM模型对黄河流域城市群静态水资源利用效率进行了评估,并结合Malmquist全要素生产率指数对水资源利用效率进行动态分解,结果表明,1989年以来黄河流域7大城市群水资源利用效率整体提升,节水和技术进步共同推动了Malmquist指数的提升,经济发展水平对黄河流域水资源利用效率的提升有显著的促进作用。有研究者进一步运用三阶段数据包络模型(data envelopment analysis,DEA)、空间自相关分析、核密度估计和 Markov 链等方法，通过对黄河流域城市水资源利用效率的时空分异特性及其动态演进过程的研究表明，城市化水平和产业升级对效率值影响显著，水资源利用效率在空间上表现出显著的正相关性，效率较高的城市对周边城市具有辐射带动作用。

基于黄河流域 2007—2019 年省际面板数据，有研究者利用 DEA 模型和 Malmquist 指数对黄河流域 9 省（区）水资源利用效率及其动态演进趋势进行分析表明，黄河流域水资源利用效率处于较高水平，研究期内效率呈先下降后上升的趋势，大部分省（区）效率有小幅下降。从区域差异看，水资源利用效率表现为下游地区高、中上游地区低，整体呈东高西低的空间分布特征，省际差异明显；从驱动因素看，技术进步是驱动黄河流域水资源利用效率提升的主要因素。

通过采用 DEA 模型和 Malmquist 指数对黄河流域 68 个地级行政单元的水资源利用效率的测算表明，黄河流域水资源利用效率呈现先上升、后下降、波动大的特点，不过，黄河流域水资源利用效率整体有所提升，且技术水平是影响它的关键因素。进一步运用非期望超效率 SBM 模型测度黄河流域 9 省（区）用水效率的结果表明，9 省（区）总体呈现上游低、下游高的特点，经济发展水平、水资源利用结构、城镇化水平和废水治理水平对用水效率具有显著的直接效应。有研究者基于 2009—2019 年黄河流域与长江经济带 19 省（市）的面板数据，综合利用超效率 SBM 模型，并结合 Malmquist 指数、核密度估计、标准差椭圆、Tobit 回归等方法，对水资源利用率的差异性进行了分析，其结果表明，两个流域农业水资源利用效率均呈整体上升趋势，黄河流域各年效率值波动幅度较大，内部差异明显，其效率重心在山西省与陕西省边界摆动；而长江经济带各年起伏较缓，其效率重心呈现向西南部迁移的趋势，年均效率值略高于黄河流域。另外，技术进步是引起农业水资源利用效率变动的主要原因，2009—2019 年黄河流域技术进步指数略高于长江经济带。自然地理环境与经济发展水平是影响两地农业用水效率增长的主要因素。

通过基于非期望产出 SBM-DEA 模型和 Malmquist-Luenberger 指数、标准差椭圆、Gini 系数对 2003—2019 年黄河中下游地区农业、工业、生活、生态 4 类用水效率的静态及动态趋势与其空间分布特征的分析表明，农业和工业用水具有相对较高的效率；农业和生态用水效率整体呈上升趋势，生活和生态用水效率具有较高的空间差异性；农业和工业用水效率具有较高的空间均衡性。肖安彤等利用 DEA 模型、规模报酬可变的分析模型、Tobit 回归模型的分析也表明，黄河流域 9 省（区）水资源效率呈现先上升后下降的趋势，流域上、中、下游有明显差异，从上游至下游水资源效率逐步递增。水资源利用效率与产业结构和人均用水量呈显著负相关，与经济发展呈显著正相关。

根据 2010—2019 年黄河流域水资源利用效率的评价，该时段黄河流域水资源长期处于被过度利用状态；黄河中下游省（区）的水资源利用效率普遍高于上游省（区）的水资源利用效率，原因在于节能环保产业主要集中于流域中下游省（区），上游省（区）经济发展方式相对偏粗放型；纯技术效率和规模效率抑制了水资源全要素生产率的提高。根据苏菁菀等对 2010—2017 年山东省黄河流域 9 个地级行政单元水资源利用效率的测算，山东沿黄城市水资源利用效率整体较好，且不同城市水资源利用效率有所不同；农业用水量对山东省沿黄城市水资源利用效率提升影响较大。

根据苗峻瑜基于非期望产出的超效率 EBM 模型、Tobit 模型测度对沿黄 9 省(区)2010—2019 年的工业水资源效率和全局影响因素的研究结果,9 省(区)工业水资源效率未达到有效水平,但呈现波动上升态势。各省份之间效率差异明显,山东省最高,宁夏回族自治区最低。技术水平和工业化程度对工业水资源效率攀升有正向促进作用,水资源禀赋、社会发展水平、工业用水强度和政府规制程度存在抑制效应。有研究者进一步采用 Super-DDF 模型、Tobit 模型对黄河流域水资源利用效率进行了测度,并分析了数字经济对黄河流域水资源利用效率影响作用,结果表明,黄河流域大部分地区水资源利用效率处于中等水平,未达到完全有效;数字经济促进了水资源利用效率。数字经济在黄河上中游对水资源利用效率存在显著促进作用,在黄河下游存在抑制作用,但结果不显著;数字经济在制造业发展水平的调节下,有利于黄河流域水资源利用效率的提升,在资源禀赋的调节下,不利于其利用效率的提升。

Li Yue 等基于生态地理区划,分析了黄河流域 48 个城市 2008—2018 年绿水利用效率的动态演化特征、区域差异和内部低效性,并进一步分析了绿水资源利用效率的外部影响因素,从内部和外部两个角度提出了提高不同地区水资源利用率的方法。研究认为,绿水利用效率呈现出干旱区改善、湿润区恶化的趋势。从内部角度探讨低效率的来源,发现半湿润地区的劳动力冗余、资金冗余和废水冗余度较高,半干旱区能源冗余度较高,干旱地区的经济产出不足。由 GML 指数的分析结果得知,黄河流域城市绿水利用效率的绝对差异在扩大。在技术效率(EC)指标上,半干旱区技术效率具有收敛效应。在技术进步指数方面,干旱区技术进步差距不断扩大,半湿润半干旱地区技术进步趋同落后。不同生态地理区域影响绿水资源利用效率的外部因素存在显著差异。

黄河流域"几字弯"地区为典型的缺水区域,也是宁蒙灌区用水集中的区域,分析其水资源利用效率的时空特征及其驱动因素,具有更大意义。有研究者采用 SBM-DEA 模型、基于 GIS 和统计方法、广义矩量法(GMM)模型,综合分析计算了考虑非期望产出的水分利用效率、水分利用效率时空变化和影响水分利用效率的因素。结果表明,黄河"几字弯"区域水资源利用效率呈上升—下降—上升的趋势,说明不断扩大的农业和第二产业结构主要以用水密集型活动为主,对水资源的压力进一步加大。该区域各城市水分利用效率的空间差异显著。经济发展水平和技术水平对水分利用效率的影响显著为正,农业占比、农业水利设施建设和城镇化对水分利用效率的影响显著为负。

目前,关于水分利用效率微观计算方面,大多是采用水分利用效率(WUE)的计算方法,也就是将总初级生产力(GPP)与蒸发蒸腾(ET)或植被蒸腾(E_t)所消耗的水量相比,其比率即为水分利用效率。河套灌区的蒸腾量很大,该地区的水分利用效率受多种因素影响。目前,还缺乏多因素相互作用的相关分析。Liping Cai 等研究了河套灌区生态系统水分利用效率(WUEe)和冠层水分利用效率(WUEc)的时空规律,结果表明, WUEe 和 WUEc 的趋势相反,即 WUEe 的增加掩盖了 WUEc 的减少。此外,WUEe 和 WUEc 对气象因素有不同的反应。多个气候因子的交互作用对 WUE 的影响要大于单一因子的影响。确定 WUE 对气象因子的响应,可以为干旱地区的农田补水提供科学依据。

弹性和效率是农业水资源系统可持续管理的核心概念。有研究者综合运用层次分析法(AHP)、熵法(EVM)、SBM-DEA 模型和发展协调模型,通过构建黄河流域农业水资源利用效率和弹性的评价体系，评价分析了弹性和效率的变化规律，认为2005—2019年黄河流域农业水资源利用效率指数和弹性指数呈现波动上升的趋势。利用效率指数明显增加，尤其是白河、黑河、洛河和无定河流域增长速度较快。但整体利用效率不高，72个地级行政单位均为低效率区。弹性指数处于相对较低水平，其中湟水、洮水和清水河流域的弹性指数增长迅速。四川、青海、内蒙古、陕西、河南和山东等省（区）的利用效率指数相对较高，甘肃、山西和宁夏等省（区）的利用效率指数相对较低。上游源区、河套灌区、汾渭平原和黄淮海平原的地级行政单位利用效率指数较高。下游的弹性指数显著优于上游和中游。农业水资源系统开发程度经历了快速上升（2005—2013年）—波动增长（2014—2017年）—稳步上升（2018—2019年）的过程，呈现出“上游—中游—下游”逐步上升的格局。农业水资源系统协调度呈下降趋势，下降程度呈“上游—下游—中游”递增模式。

黄河流域农田灌溉水分利用系数有了明显提高，例如从2012年的0.52提高到2020年的0.57，万元工业增加值用水量持续下降。另外，通过每年向乌梁素海等重要湖泊进行生态补水约3亿m^3，实施黑河生态水量调度，向永定河、白洋淀等流域外区域实施生态补水等措施，显著改善受水区水生态环境，实现东居延海连续17年不干涸。立足黄河保护治理的系统性、整体性，2020年启动了黄河全流域生态调度，黄河水资源统一管理与调度的生态功能将会不断得到提升。

总的来说，目前人们利用多种分析方法，通过对黄河流域水资源利用效率研究，得到以下几点共识：

（1）黄河下游水资源利用效率高于其上中游地区，呈现东高西低的空间分布格局。

（2）相对来说，工业用水效率比农业的高；农业和生态用水效率有上升趋势，而生活和生态用水效率在黄河上中下游、左右岸的空间差异性比较大。

（3）技术水平是决定黄河流域水资源利用效率高低的主要影响因素。

（4）黄河流域水资源长期处于过度开采利用状态。

（5）黄河流域农田灌溉水分利用系数近10年来有明显提高，万元工业增加值用水量持续下降。

（6）干旱半干旱地区绿水利用效率有所提高，而在半湿润地区则有所下降。

4.2.3.3　黄河流域节水潜力

评估黄河流域用水效率和节水潜力，有助于推进黄河流域水资源集约化利用。关于黄河流域节水潜力的研究，大多集中于农业用水节水潜力方面，关于其他行业用水的节水潜力的研究较少。

近期有研究者以黄河流域典型灌区为研究区域，采用净节水潜力计算方法，对节水水平及节水潜力进行了分析评估。研究认为，黄河流域平均灌溉用水量为5 520 m^3/hm^2，低于全国及长江流域水平；灌溉水分利用系数低于全国、华北地区、东北地区及华东地区；黄河流域典型灌区节水潜力为16.24亿m^3，其中内蒙古河套灌区节水潜力最大；下游引黄灌区节水潜力为10.53亿m^3，其中山东省位山灌区节水潜力最大。也有研究者通过对黄河流域近年来农业灌溉情况的调研，分析了黄河流域及下游引黄灌区农业灌溉取水量、耗水量变化情况和现状年各省（区）农田灌溉水平，重点分析了黄河流域“十四五”期间实施现代化改造的34处大型灌区的节水潜力，并提出了实施黄河流域灌区深度节水控水、保障灌区高质量发展的对策建议。

也有研究者从全国尺度的视角，基于超效率SBM模型测度分析了2008—2018年黄河流域9省（区）的农业用水效率，分析认为，黄河流域农业用水效率较低，与长江经济带和全国平均水平相比仍有较大差距。不过，黄河流域农业用水规模效率接近最优水平，纯技术效率低是导致黄河流域农业用水效率较低的主要原因。黄河流域农业用水效率的省际差异显著，其中农业用水效率较高的省份受纯技术效率影响较大，而农业用水效率较低的省份受规模效率影响较大。宁夏、甘肃、内蒙古和山西等省（区）的农业节水潜力巨大。

有研究者基于节水潜力概念，分析了节水潜力在不同行业之间的内涵，提出了面向节水来源并考虑水源置换的分行业节水潜力计算方法。并以河南省为例，对河南省规划年节水潜力进行了评估，认为河南省2025年综合节水潜力为10.72亿m^3，2035年为16.65亿m^3，节水潜力较为可观，分行业节水潜力中农业节水潜力相对最大。类似的还有研究者分析了青海西宁海东地区节水现状，通过对该地区的节水潜力的评价，认为西宁海东地区总节水潜力约为11 379万m^3，其中农业节水潜力所占比例最大。

有研究者针对西北缺水地区农业灌溉用水效率低的问题，通过构建定量计算模型，基于由河流保护目标确定河流生态基流需水量、由引水灌溉后的河流残水量确定非汛期缺水、由节水措施定量确定节水程度的三种情景，并考虑10月至翌年5月河流生态基流量为5.66~7.42 m^3/s，6—9月大于或等于21.69 m^3/s的条件，分析了三种情景下改进节水措施后的总节水量，分别约为66.55万m^3、133.11万m^3和205.66万m^3；在此三种情景下非汛期改进节水措施后的保护程度和保护率分别为59.38%、93.66%和100%，45.92%、74.02%和100%，可逐步达到管理部门要求的河流生态基流90%的目标保护率。因此，改进节水措施是保护河流生态基流最合理的途径。

综上研究成果，黄河流域仍然有较大的节水潜力，其中农业还是当前的主要节水挖潜对象。

4.2.4 水资源集约节约利用措施及其效果评价

关于黄河流域水资源集约节约利用措施的研究较少，现有的研究多集中于灌区农业集约节约利用措施方面。

4.2.4.1 灌区节水对策建议

宁夏引黄灌区是我国重要的粮食生产基地之一（见图4-3），自实施节水灌溉以来，渠系衬砌、田间节水等节水工程影响了区域水平衡状况。通过构建宁夏引黄灌区“水-土-气-生”多元化数据库，运用秩相关分析和Spearman相关分析方法，根据对2000—2020年宁夏引黄灌区的水平衡要素演变趋势、水平衡演化机制及其生态效应的研究表明，宁夏引黄灌区经济社会发展主要依赖过境黄河水，节水灌溉后水循环通量显著减少，节水灌溉是水平衡演化的主要驱动因子，农业用水减少直接导致引黄水量与地表水体补给地下水资源量减少；节水灌溉后地下水位普遍下降，盐渍化程度有所减轻，但改变了湖泊和地下水的水力联系，导致生态需水量增加。

黄河水利科学研究院在调研的基础上，分析了黄河灌区高效节水发展过程中存在的轻运行管理、黄河水供水保证率低、土地经营模式分散等问题，提出了在思想认识、资金投

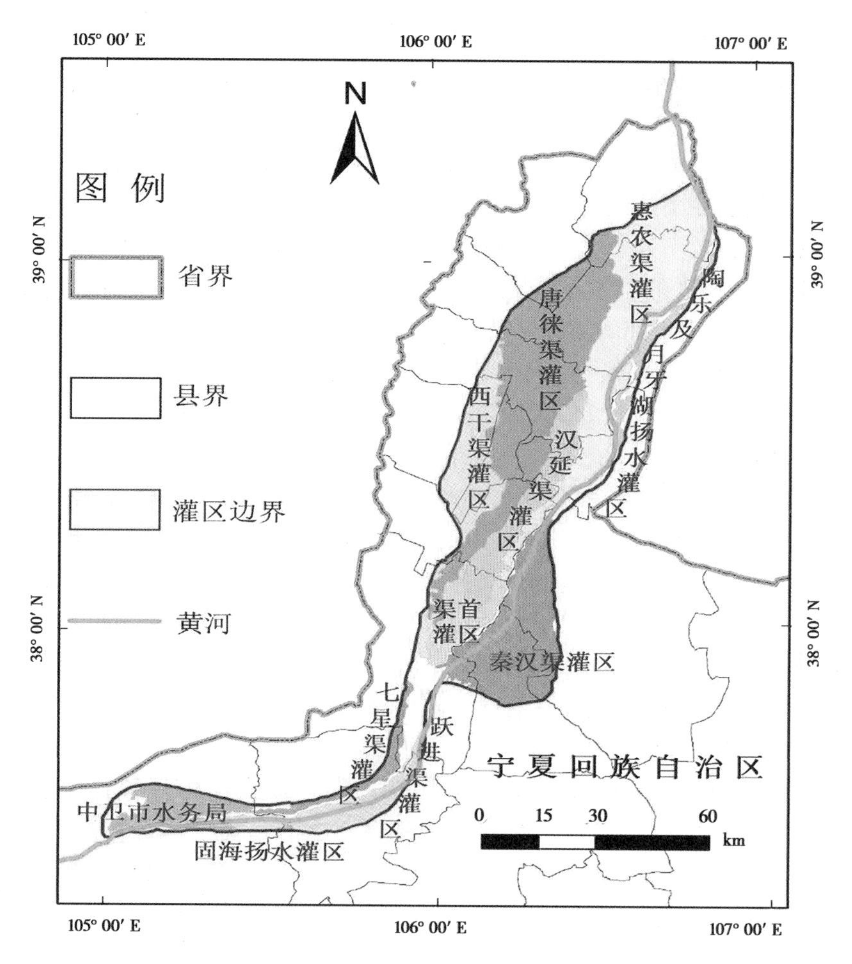

图 4-3 宁夏引黄灌区分布图

入、工程体系、面积严控、跟踪分析、市场监管等方面的应对措施与建议。同时,选取宁夏青铜峡灌区和内蒙古河套灌区,核定了近年来争议较大的灌溉面积,以促进宁蒙典型灌区用水效率和维持生态环境健康为导向,充分结合典型灌区节水灌溉发展规划,提出了从推进灌排工程现代化改造、加强用水监控、控制灌溉规模、深化灌区管理体制改革等方面推进宁蒙典型灌区深度节水控水的建议。

分析表明,整体来说,目前内蒙古自治区黄河流域面临的水资源总量供给紧缺、工农业生产用水紧张、开发利用效率不高、刚性约束持续增强等问题还是相当突出的,因此节约集约利用水资源成为"十四五"期间内蒙古自治区最为紧迫的工作任务。强化水资源刚性约束、科学配置流域水资源、加大工农业节水力度、推进城乡节水降损、大力发展节水产业、深化水价综合改革,是内蒙古自治区黄河流域水资源节约集约利用的实现路径。

针对河南省黄河供水区自然资源禀赋不足、水资源分布不均、供需矛盾日益突出、水安全保障程度不高等问题,有研究者通过系统分析河南省黄河供水区水资源开发利用、水源工程建设、制度保障等方面存在的问题,结合黄河两岸地形地貌和水源工程的布局特点,按照节水优先、空间均衡的要求,统筹黄河安澜和水资源保障,提出了"一轴两翼三水”的现代水网体系框架,以及推进农业节水增效、促进工业节水减排、强化生活节水降损、推进水资源节约集约利用工程建设和强化节水管理等措施建议。

有研究者还通过对黄河流域节水行为与节水意识的研究,提出了加强节水宣传教育、培育公众节水意识的对策建议。根据对黄土高原丘陵沟壑区558户的调查,基于扩展价值-信念-规范理论,利用数据统计分析表明,黄土高原地区农民的生活用水主要用于饮食和个人卫生,农民的节水行为受其意愿、知识和年龄的影响很大。个人习惯、政策激励、自我价值观和周边居民的价值观间接影响节水的意愿。性别和家庭年收入对农民的节水意愿也有很大影响。性别和水源调节变量对节水行为的影响存在显著差异。因此,在制订有效的农村节水措施中,需要注重节水知识和技能的宣传措施,普及水资源和生态环境变化的知识,鼓励农民养成良好的用水节水习惯,并积极推进节水器具推广的补贴制度。

4.2.4.2 节水效果评价

有研究者通过评价认为,虽然南水北调工程通水改变了受水区水资源利用现状与配置格局,但对受水区水资源集约利用效率的促进作用还有待证实。基于“开源”和“节流”两个视角,根据2015—2019年南水北调中线工程受水区河南段市级相关数据,在分析南水北调工程通水对受水区水资源集约利用效率影响机制的基础上,实证分析了南水北调中线工程通水对受水区水资源集约利用效率产生的影响。研究表明,调水工程通水对受水区河南段水资源集约利用效率具有显著正效应,即水资源集约利用效率会随着调水工程供水强度和供水成本的增加而提升。技术进步在调水工程通水促进受水区河南段水资源集约利用效率提升的过程中具有显著的中介效应;产业结构在调水工程通水促进受水区河南段水资源集约利用效率提升的过程中具有完全中介效应。技术进步、产业结构对受水区河南段水资源集约利用效率的正向影响会随着调水工程通水规模的扩大而略有下降;政府作用对河南省渠段在加入技术进步与产业结构两个中介变量后,水资源集约利用效率产生的正向调节效应变得更为显著。

黄河“几字弯”区域是黄河流域的关键节点,是实现中西部崛起的关键区域,也是黄河流域生态保护和高质量发展的战略支撑。有研究者利用投入产出模型,从生产侧的实体水和消费侧的虚拟水出发,通过对“几字弯”地区18座城市的用水量、用水结构变化和流入流出特征分析表明,虽然“几字弯”区域各城市虚拟水增长类型差异较大,但18座城市水资源利用效率则逐步提高。实体水的用水大户仍然是农业,虚拟水的用水大户则是制造业和农业,同时,服务业实体水和虚拟水用量都有剧增。区域18座城市虚拟水流入量增长明显,但整体仍呈现出虚拟水净流出的特征。制造业在区域经济中具有一定的比较优势。巴彦淖尔、中卫、吴忠、石嘴山和白银市是“几字弯”18座城市中重点节水的对象。在这些城市中,仍然存在着农业用水比重大,产出效益较低的突出问题,今后节水的重点还是农业。鄂尔多斯、包头、石嘴山、乌海制造业具有比较优势,巴彦淖尔的农业用水系数远远高于18座城市的平均值,需要控制其农业用水。对于鄂尔多斯、包头、石嘴山、乌海、巴彦淖尔5市,需要向当地的优势产业制造业和服务业进行供水倾斜,提高比较优势。

4.2.4.3 节水器具研究

研究表明,水中悬浮颗粒的存在对滴灌技术的适应性构成了巨大挑战。为探究不同悬浮颗粒对灌水器堵塞的影响差异,以含黄河泥沙、石英砂、钠基膨润土为主要悬浮物的灌水器作为研究对象,通过短周期灌水器抗堵塞试验和静态颗粒沉降试验表明,悬浮颗粒的种类对灌水器的相对流量有极显著的影响。黄河泥沙对灌水器的堵塞最严重。黄河泥沙中既有粗颗粒又有细颗粒,因此灌水器极易堵塞,且堵塞程度最严重。

4.3 面临的问题与研究展望

4.3.1 面临的问题

(1)缺水与水污染双重压力持续并存。

黄河流域绝大部分地区属于干旱、半干旱气候区,年蒸发量是年降水量的4~5倍,人均水资源量仅为全国平均水平的27%,属极度缺水地区。降水量时空分布不均,年内60%以上的降水集中在7—9月,且汛期径流量主要以洪水形式出现,中下游汛期径流含沙量较大,利用难度大;丰水年的降水量达到枯水年降水量的2倍以上。随着流域经济的发展、人口数量的增加、城市化进程的不断加快,黄河流域的水资源总量越来越呈现明显减少的趋势,而黄河流域的用水量自20世纪50年代以来持续增加,同时还承担着向流域外供水的任务,水资源供需矛盾日趋尖锐。据统计,黄河流域约有1 000多万亩(1亩=1/15 hm^2,下同)有效灌溉面积得不到灌溉、4 000多万亩农田得不到充分灌溉,缺水已经成为目前制约黄河流域经济社会可持续发展与生态文明建设的重要因素。同时,随着流域经济社会的发展,黄河流域工业废水和城镇污水的排放量激增,造成流域内水污染日趋严重、水环境水生态恶化等诸多问题,流域水污染形势十分严峻。

(2)供水量不足的问题将进一步加剧。

据预测分析,未来30~50年,黄土高原水土保持与生态治理工程建设、地下水开发利用、能源开发、雨水利用等均会在一定程度上改变流域下垫面条件,导致产汇流关系向产流不利的方向变化,即使在降水量不变的情况下,黄河天然径流量仍将进一步减少。根据相关研究成果,未来黄河天然径流量将进一步减少到460亿 m^3 左右甚至更少,黄河可供水量不足的问题更加突出,并成为制约黄河流域生态保护和高质量发展重大国家战略的关键瓶颈。

(3)地下水开发利用超载导致生态问题更加突出。

尽管黄河干流生态流量持续走低,然而随着经济社会的快速发展,加之黄河干流径流量减少,地表径流开发利用率已经相当高,因此不少地区定量超采地下水,导致诸如汾河、沁河、大黑河、大汶河等支流断流严重、生态功能受损。据分析,浅层地下水年均超采达9.4亿 m^3,由此引发的生态问题不断加重。

4.3.2 应对建议

(1)强化基于水资源最大刚性约束的水资源管理。

把水资源作为最大刚性约束，坚持节水优先，全面实施深度节水控水行动，以水而定、量水而行，合理规划人口、城市和产业发展，优化土地利用和产业发展布局，促进经济社会发展与水资源承载能力相协调。以维持河湖健康生态水量、保障经济社会高质量发展的刚性合理用水需求为导向，构建总量控制、集约高效、配置科学、管控有力的水资源安全保障体系，加快黄河水网构建，强化干支流水量统一调度，全面提高流域水资源集约安全利用水平。

(2)提升水资源节约集约利用能力。

以国家节水行动方案为统领，把节水贯穿于生产生活的全领域、全过程、全方位，充分发挥用水定额的刚性约束和导向作用，围绕农业、工业和城镇等重点领域，全面实施农业节水增效、工业节水减排、城镇节水降损，挖掘水资源利用的全过程节水潜力，加大非常规水利用力度，推进水资源高效利用。完善节水制度建设，推动将节水作为约束性指标和目标，完善用水价格形成机制，推进用水权市场化交易和水资源税改革。

(3)优化水资源配置格局，缓解流域水资源空间不均衡问题。

按照"生态优先、大稳定、小调整"和应分尽分原则，优化调整"八七"分水方案，细化干支流水量分配，合理分配河道外生活用水、生产用水和生态用水，把可用水量逐级分解到不同行政区域，明晰各区域用水权益，促进经济社会发展与水资源承载能力相协调，解决上中下游发展不平衡问题，实现全流域高质量发展。

(4)加快构建黄河水网，提高供水安全保障能力。

加快推进南水北调西线工程前期工作，加快构建黄河水网主骨架，做好"补纲"文章，跨流域调水自源头进入黄河，从根本上缓解黄河流域水资源短缺问题。加快区域水资源配置工程建设，做好"张目"文章，提高流域水资源配置水平，解决守着黄河喝不上黄河水的问题。推进古贤、黑山峡、碛口等骨干水利工程建设，做好"固结"文章，提升流域径流调蓄能力。

(5)强化干支流地表地下水资源统一管理和水量统一调度，确保河流生态流量。

统筹经济社会发展、河道内生态用水需求，实施黄河干支流地表地下水资源统一管理，加强监测预警，建立流域和区域水量统一开发利用与调度的协调机制。科学确定月、旬水量调度方案和年度黄河干、支流用水量控制指标。依据河情、水情，"一河一策"进行差别化管理，强化渭河、汾河、湟水、洮河、伊洛河、沁河、大汶河等主要黄河支流地表地下水管理，保障河道基本生态流量，维持河流基本功能。

(6)加强水资源监测体系建设。

深入落实最严格水资源管理制度，强化黄河水资源统一监测、监控、监管，尽快健全完善全覆盖、全天候、全过程的黄河流域水资源监测体系，实现流域机构对黄河干支流重要控制断面、规模以上地表水取退水口和地下水取水点在线监测全覆盖。

4.3.3 研究展望

随着黄河流域生态保护和高质量发展重大国家战略的实施，水资源节约集约利用、水资源刚性约束机制、流域水资源科学配置、节水控水与高质量发展协同路径和节水控水关键技术必将成为今后研究的热点，由此也必将促进我国在水资源保护利用领域的科技进步。以下科学问题是需要关注的：

(1)水资源节约集约利用与经济社会发展、生态环境保护的耦合协调。

水是自然界的基础资源，与经济发展和生态环境保护有着密不可分的关系，甚至起到了决定性作用。研究水资源节约集约利用与经济社会发展、生态环境保护三者间的耦合协调发展关系，为提高水资源利用效率，解耦经济增长与资源利用、生态破坏间的硬性关联，实现地区、流域乃至全国的高质量发展具有重要意义，也将会一直是该领域的重点与热点。

(2)刚性约束条件下，水资源与土地资源、能源等其他资源的匹配关系。

将水资源量作为黄河流域建设发展的刚性约束，研究水资源与土地资源、化石资源、热能、光能等其他资源的空间匹配关系，并提出相应的均衡调控方法，助力“空间均衡”的治水思路。

(3)水资源节约集约相关实施措施与发展路径。

水资源节约集约利用涉及农业、工业与生活的方方面面，为此需要进一步研发涵盖多行业的节水器械、节水措施与关键技术方法研究，融合水利工程、经济、法律、医学等相关专业与领域的理论与方法，突破水资源节约集约利用瓶颈技术，探索黄河流域水源涵养保护与水资源保护利用高质量发展的路径。

参考文献

[1] 陈小明，李俊，赵福静. 内蒙古黄河流域水资源节约集约利用研究[J]. 前沿，2022(2)：118-127.

[2] 崔永正，刘涛. 黄河流域农业用水效率测度及其节水潜力分析[J]. 节水灌溉，2021(1)：100-103.

[3] 党丽娟. 黄河流域水资源开发利用分析与评价[J]. 水资源开发与管理，2020(7)：33-40.

[4] 杜青辉，刘晓琴，郝阳玲. 河南省黄河供水区水资源节约集约利用初探[J]. 华北水利水电大学学报(自然科学版)，2020，41(4)：10-14，60.

[5] 高明国，陆秋雨. 黄河流域水资源利用与经济发展脱钩关系研究[J]. 环境科学与技术，2021，44(8)：198-206.

[6] 高向龙，石辉，党小虎. 基于投入产出模型的黄河“几字弯”城市群用水特征与节水关键区域研究[J]. 生态学报，2022(24)：1-14.

[7] 胡春宏. 黄河水沙变化与治理方略研究[J]. 水力发电学报，2016，35(10)：1-11.

[8] 贺梦微，杨小林. 2010—2019年黄河流域水资源承载力时空动态研究[J]. 水利科学与寒区工程，2022，5(6)：59-63.

[9] 郝铭，段琳琼，陈常优，等. 黄河流域与长江经济带农业水资源利用效率与影响因素的差异性研究[J]. 水土保持通报，2022，42(4)：267-277.

[10] 韩宇平，黄会平. 水资源集约利用概念、内涵与模式[J]. 中国水利，2020(13)：43-44.

[11] 景明，樊玉苗，王军涛. 黄河流域大型灌区“十四五”节水潜力分析[J]. 中国水利，2022(13)：27-29.

[12] 景明,张会敏,杨健,等.宁蒙典型灌区深度节水控水措施研究[J].人民黄河,2020,42(9):155-160.
[13] 贾绍凤,梁媛.新形势下黄河流域水资源配置战略调整研究[J].资源科学,2020,42(1):29-36.
[14] 刘柏君,侯保俭,王林威,等.青海省西宁海东地区节水潜力与节水对策研究[J].灌溉排水学报,2020,39(S1):65-70.
[15] 刘成林.甘肃省黄河流域水资源节约集约利用现状及对策[J].甘肃农业科技,2022,53(4):20-24.
[16] 刘昌明,王恺文,王冠,等.1956—2016年黄河流域径流及其影响因素的变化分析[J].人民黄河,2022,44(9):1-5,16.
[17] 刘昌明.对黄河流域生态保护和高质量发展的几点认识[J].人民黄河,2019,41(10):11-15.
[18] 刘昌明,刘小莽,田巍,等.黄河流域生态保护和高质量发展亟待解决缺水问题[J].人民黄河,2020,42(9):6-9.
[19] 刘建华,黄亮朝.黄河下游水资源利用与高质量发展关联评估[J].水资源保护,2020,36(5):24-30.
[20] 李佳伟,水淼,左其亭,等.区域节水潜力计算方法及河南省节水潜力评估[J].灌溉排水学报,2021,40(9):141-146.
[21] 吕锦心,刘昌明,梁康,等.基于水资源分区的黄河流域极端降水时空变化特征[J].资源科学,2022,44(2):261-273.
[22] 李舒,张瑞佳,蒋秀华,等.黄河流域水资源节约集约利用立法研究[J].人民黄河,2022,44(2):65-70.
[23] 刘同凯,贾明敏,马平召.强化刚性约束下的黄河水资源节约集约利用与管理研究[J].人民黄河,2021,43(8):70-73,121.
[24] 刘晓燕.黄河近年水沙锐减成因分析[M].北京:科学出版社,2016.
[25] 李焯,蒋秀华,朱彪,等.未来10a黄河流域水资源承载能力评价[J].人民黄河,2022,44(S1):25-27.
[26] 苗峻瑜.沿黄九省工业水资源效率及其影响因素的时空异质性[J].中国沙漠,2022(6):1-11.
[27] 彭少明,郑小康,严登明,等.黄河流域水资源供需新态势与对策[J].中国水利,2021(18):18-20,26.
[28] 邵汉华,罗俊,王瑶.黄河流域城市水资源利用效率的时空分异及动态演进[J].统计与决策,2022,38(14):70-74.
[29] 苏菁菀,崔露月,刘书琴,等.山东省沿黄城市水资源利用效率与提升策略研究[J].价值工程,2022,41(23):4-6.
[30] 水利部黄河水利委员会.黄河水资源公报[R].郑州:水利部黄河水利委员会,1988—2019.
[31] 水利部黄河水利委员会.黄河水资源综合规划[R].郑州:水利部黄河水利委员会,2009.
[32] 孙思奥,汤秋鸿.黄河流域水资源利用时空演变特征及驱动要素[J].资源科学,2020,42(12):2261-2273.
[33] 汪安南.深入推进黄河流域生态保护和高质量发展战略 努力谱写水利高质量发展的黄河篇章[J].人民黄河,2021,43(9):1-8.
[34] 王浩,赵勇.新时期治黄方略初探[J].水利学报,2019,50(11):1291-1298.

[35] 王慧亮,李卓成. 基于能值水生态足迹模型的黄河流域水资源利用评价[J]. 水资源保护,2022,38(1):147-152.
[36] 王红瑞,李一阳,杨亚锋,等. 水资源集约安全利用评估模型构建及应用[J]. 水资源保护,2022,38(1):18-25.
[37] 汪伦焰,黄昕,李慧敏. 基于 CW-FSPA 的黄河流域九省水资源承载力评价研究[J]. 中国农村水利水电,2021(9):67-75.
[38] 王军涛,李根东,宋常吉,等. 黄河灌区高效节水灌溉发展对策与建议[J]. 灌溉排水学报,2021,40(S2):111-114.
[39] 王敏,谢雨涵,邓梦华,等. 黄河流域九省(区)水资源利用效率测度及演化分析[J]. 人民黄河,2022,44(8):87-91.
[40] 汪倩,陈军飞. 南水北调工程通水对受水区水资源集约利用效率的影响——基于河南省市级层面的实证[J]. 中国人口·资源与环境,2022,32(6):155-164.
[41] 肖安彤,王素,李涛,等. 基于 DEA 模型的黄河流域水资源效率评估[J]. 环境保护科学,2022,48(3):38-45.
[42] 习近平. 在黄河流域生态保护和高质量发展座谈会上的讲话[J]. 水资源开发与管理,2019(11):1-4.
[43] 向往,秦鹏. 节约集约利用理念在黄河水资源保护立法中的应用探析[J]. 环境保护,2020,48:47-49.
[44] 岳立,韩亮. 数字经济对黄河流域水资源利用效率的影响及作用机制[J]. 工业技术经济,2022,41(7):21-27.
[45] 杨翊辰,刘柏君. 黄河流域典型灌区节水潜力评估[J]. 海河水利,2021(3):10-15.
[46] 杨燕燕,王永瑜,徐绮阳. 黄河流域水资源利用与经济发展脱钩分析——基于水量和水质视角[J]. 水资源与水工程学报,2022,33(2): 1-10.
[47] 岳自慧,李海霞,朱洁,等. 宁夏城镇建成区雨水资源化利用现状及前景研究[J]. 人民黄河,2022,44(S1):28-29,32.
[48] 赵金彩,范思盈,冯敬燕,等. 黄河中下游地区水资源利用效率时空分异特征[J]. 河南师范大学学报(自然科学版),2022(6):37-44.
[49] 查建平,蔡威熙. 黄河流域用水效率及空间溢出效应研究[J]. 节水灌溉,2022(1):26-30,35.
[50] 赵敏敏,王思源,韩双宝,等. 节水灌溉对黄河流域宁夏引黄灌区水平衡的影响机制及其生态效应[J]. 中国地质,2023,509(1):26-35.
[51] 张倩歌,杨茂. 基于超效率 SBM 模型的黄河水资源利用效率评价[J]. 人民黄河,2022,44(9):111-115.
[52] 左其亭,张志卓,吴滨滨. 基于组合权重 TOPSIS 模型的黄河流域九省区水资源承载力评价[J]. 水资源保护,2020,36(2):1-7.
[53] 左其亭,张志卓,马军霞. 黄河流域水资源利用水平与经济社会发展的关系[J]. 中国人口·资源与环境,2021,31(10):29-38.
[54] 张永凯,孙雪梅. 黄河流域水资源利用效率测度与评价[J]. 水资源保护,2021,37(4):37-43,50.
[55] 赵莺燕,于法稳. 黄河流域水资源可持续利用:核心、路径及对策[J]. 中国特色社会主义研究,2020

(1):52-62.

[56] 张学成,等.黄河流域水资源调查评价[M].郑州:黄河水利出版社,2007.

[57] 朱晓梅,魏加华,杨海娇,等.黄河流域城市群水资源利用效率评估及驱动因子分析[J].水资源保护,2022,38(1):153-159.

[58] Cai L P, Fan D L, Wen X J, et al. Spatiotemporal tendency of agricultural water use efficiency in the northernmost Yellow River: Indicator comparison and interactive driving factors[J]. Journal of Arid Environments, 2022, 205: 104822.

[59] Cheng B, Li H E. Improving water saving measures is the necessary way to protect the ecological base flow of rivers in water shortage areas of Northwest China[J]. Ecological Indicators, 2021,123: 107347.

[60] Feng Y J, Zhu A K. Spatiotemporal differentiation and driving patterns of water utilization intensity in Yellow River Basin of China: Comprehensive perspective on the water quantity and quality[J]. Journal of Cleaner Production, 2022, 369: 133395.

[61] Liu G, Omaid Najmuddin, Zhang F. Evolution and the drivers of water use efficiency in the water-deficient regions: a case study on Ω-shaped Region along the Yellow River, China[J]. Environmental Science and Pollution Research, 2022, 29: 19324-19336.

[62] Liu P H, Lu S B, Han Y P, et al. Comprehensive evaluation on water resources carrying capacity based on water-economy-ecology concept framework and EFAST-cloud model: A case study of Henan Province, China[J]. Ecological Indicators, 2022, 143:109392.

[63] Lu C P, Ji W, Hou M C, et al. Evaluation of efficiency and agricultural water resources system in the Yellow River Basin, China[J]. Agricultural Water Management, 2022, 266:107605.

[64] Su H Z, Zhao X Y, Wang W J, et al. What factors affect the water saving behaviors of farmers in the Loess Hilly Region of China? [J]. Journal of Environmental Management, 2021, 292: 112683.

[65] Sun J Q, Wang X J, Shamsuddin Shahid, et al. Spatiotemporal changes in water consumption structure of the Yellow River Basin, China[J]. Physics and Chemistry of the Earth, 2022, 126: 103112.

[66] Yue L, Cao Y X, Lyu R F. Influencing factors and improvement paths of green water use efficiency in the Yellow River Basin: a new perspective based on ecogeographical divisions [J]. Environmental Science and Pollution Research, 2022,30:14604-14618.

[67] Zhang W Q, Lv C, Zhao X, et al. The influence mechanism of the main suspended particles of Yellow River sand on the emitter clogging - An attempt to improve the irrigation water utilization efficiency in Yellow River Basin[J]. Agricultural Water Management, 2021, 258: 107202.

第5章

黄河流域生态治理-衍生产业协同发展

5.1 引 言

黄河流域自然生态环境禀赋相对较差,严重的水土流失和生态系统退化除造成生产力下降外,还严重影响了该区域产品的市场竞争力和投资环境,降低了人类生存生活质量,从而形成生态退化、经济发展落后不断加剧的恶性循环。研究表明,黄土高原生态与生产系统耦合发展程度处于较低水平,其中62.8%的县域处于严重失调发展阶段,30.1%的县域处于轻度失调发展阶段,7.1%的县域处于低水平协调发展阶段。黄土丘陵沟壑区生产与生态耦合度更低,生产发展与生态建设之间的矛盾更加突出。沟壑纵横严重制约了交通发展,从而制约经济社会发展和全面小康社会的建成。如何协调生态环境保护、经济发展与美丽中国建设之间的关系,促进生态系统与经营生产活动、社会系统耦合发展,是乡村振兴的关键问题。

植被建设是黄土高原水土流失治理和生态环境改善的关键措施,然而,退耕还林还草实施取得显著成就的同时,却在一定程度上也带来了经济、社会、生态不可持续发展的新问题,局部地区人-地-粮之间的矛盾凸显,由此也进一步加剧了村庄空心化,产生一定的社会问题。因此,如何实现生态治理与经济社会协同发展已经成为新时期黄河流域水土保持高质量发展所必须解决的重大课题。事实上,不少成功案例也充分说明,黄土高原水土流失综合治理与生态产业协同发展是保障黄河流域生态安全和经济社会可持续发展的基础。

习近平总书记在黄河流域生态保护和高质量发展座谈会上的讲话明确指出,黄河流域是多民族聚居地区,其中少数民族占10%左右。由于历史、自然条件等原因,黄河流域经济社会发展相对滞后,特别是上中游地区和下游滩区,是我国贫困人口相对集中的区域。积极支持流域省区打赢脱贫攻坚战,解决好流域人民群众特别是少数民族群众关心的防洪安全、饮水安全、生态安全等问题,对维护社会稳定、促进民族团结具有重要意义。而且把坚持"绿水青山就是金山银山"的理念,坚持生态优先、绿色发展,共同抓好大保护,协同推进大治理,着力加强生态保护治理、保障黄河长治久安、促进全流域高质量发展作为黄河重大国家战略的重要目标任务。

习近平总书记在党的二十大开幕会上的报告中进一步强调,要全面推进乡村振兴,坚持农业农村优先发展,巩固拓展脱贫攻坚成果,加快建设农业强国,扎实推动乡村产业、人才、文化、生态振兴。同时指出大自然是人类赖以生存发展的基本条件,要尊重自然、顺应自然、保护自然。必须牢固树立和践行"绿水青山就是金山银山"的理念,站在人与自然和谐共生的高度谋划发展。要推进美丽中国建设,坚持山水林田湖草沙一体化保护和系统治理,统筹产业结构调整、生态保护,协同推进降碳、减污、扩绿、增长,推进生态优先、节约集约、绿色低碳发展,提升生态系统多样性、稳定性、持续性,加快实施重要生态系统保护和修复重大工程。这从国家战略高度,充分诠释了生态治理与产业发展、生态保护与乡村振兴的辩证关系和在我国高质量发展全局中所具有的重大意义。

中共中央、国务院印发的《黄河流域生态保护和高质量发展规划纲要》提出，要结合地貌、土壤、气候和技术条件，适度发展经济林和林下经济，提高生态效益和农民收益。立足黄河流域乡土特色和地域特点，深入实施乡村振兴战略，科学推进乡村规划布局，推广乡土风情建筑，发展乡村休闲旅游，鼓励有条件地区建设集中连片、生态宜居美丽乡村，融入黄河流域山水林田湖草沙自然风貌。对规模较大的中心村，发挥农牧业特色优势，促进农村产业融合发展，建设一批特色农业、农产品集散、工贸等专业化村庄。建立人文生态资源保护与乡村发展的互促机制。

因此，探索生态治理与经济社会协同发展的途径和实践是国家战略的重大需求，研究生态治理-衍生产业协同发展的理论与关键技术是支撑新时期黄河流域生态治理、乡村振兴可持续发展的重大科技需求。近年来，在国家相关科技计划中列出了多项相关研究专项，资助开展有关理论与关键技术研究。

例如，“十四五”国家重点研发计划设立了“黄河中游多沙粗沙区风水复合侵蚀协同治理技术与示范”项目，旨在针对黄河中游多沙粗沙区风水复合侵蚀严重、协同治理技术薄弱等问题，重点研究流域复合侵蚀产沙过程与多措施协同阻控机制；研发灌草-结皮-土壤系统功能修复技术，流域梯田-淤地坝级联的水沙调控技术，基于流域复合侵蚀产沙模拟的治理措施优化配置技术；构建流域生态系统风水复合侵蚀协同治理模式并进行示范。

“十三五”国家重点研发计划设立的“鄂尔多斯高原砒砂岩区生态综合治理技术”项目，通过开展砒砂岩区生态系统退化与区域复合侵蚀耦合机制及区域生态承载力研究，研发不同类型退化植被恢复重建技术、复合土壤侵蚀综合治理技术、生态恢复与资源开发的区域生态安全保障技术、区域生态产业技术等，提出生态治理-衍生产业协同发展模式；“黄土高原水土流失综合治理技术及示范”项目，其目标就是通过对黄土高原水土流失规律研究，研发群落合理构建等水土流失综合防治技术及生态衍生产业技术，集成区域水土流失综合治理技术体系和生态产业模式；“北方退化草地治理技术及示范”项目的主要目标是针对北方不同退化草地类型，阐明区域草地退化过程和驱动机制，开展不同典型退化草地快速、稳定恢复技术研发，研究适宜北方草地的草业、生态畜牧业、生态旅游等产业技术，形成生态治理、生态产业、生态富民相结合的退化草地治理技术方案及模式；“中国北方半干旱荒漠区沙漠化防治关键技术与示范”项目，其目的就是针对北方不同沙漠化类型，研究沙化形成机制和演变趋势，研发沙化土地综合治理集成技术，研发生态畜牧业、生态光伏、生物质能源、生物医药等生态产业技术，集成防沙治沙产业化技术体系，有效支撑国家北方防沙治沙工程建设；“黄土高原区域生态系统演变规律和维持机制研究”项目，其目的就是通过开展黄土高原区域生态系统演变规律和驱动机制、多因子耦合作用下生态修复可持续性维持机制等研究，明晰研究区域水土资源和生态系统空间分布格局、生态系统承载力、利用方向及调控途径；“西北荒漠-绿洲区稳定性维持与生态系统综合管理技术研发与示范”项目，将系统研究荒漠-绿洲的动态变化过程，揭示绿洲生态系统的维持机制，研发绿洲生态产业技术，构建绿洲生态安全保障体系作为解决的重大科学问题与关键技术；“西北干旱荒漠区煤炭基地生态安全保障技术”项目明确把研发矿区水土资源保护和利用、采矿基地沙尘控制、植被重建等生态恢复技术和生态安全保障技术，形成采矿工程与生态修复一体化技术体系作为项目目标；“黄土高原人工生态系统结构改善和功能提升技术”项目，其目标是研发和集成现有区域植被的结构调整、稳定性维持及功能提升技术、水土资源与生态系统高效耦合技术、坡面和流域尺度生态系统综合配置技术，建立区域性植被(含经济林)-土壤生态系统服务功能评价体系与提升技术标准，为生态系统功能提升和生态经济发展提供科技支撑。

在“十三五”国家重点研发计划中还列出了其他相关的项目。

国家自然科学基金黄河水科学研究联合基金资助的集成项目“黄河流域‘水沙-生态-经济’系统多过程协同机制与调控”，其目的就是通过研究黄河流域“水沙-生态-经济”系统多过程关键要素演变规律，揭示流域多要素多过程耦合与协同机制，进而提出流域“水沙-生态-经济”系统优化调控方法。其中，包括流域水沙-生态系统的协同机制及调控，目标是阐明黄河流域水沙变化与生态环境时空演变规律，量化水土保持措施、水文泥沙情势变化对流域生态系统服务功能的影响及生态环境变化对流域产汇流、产输沙过程的调控效应，揭示水沙变化与生态环境演变互馈机制，构建流域分布式水文-泥沙-生态耦合模型，识别不同经济社会发展情景下水土保持措施的水沙调控能力和生态服务功能阈值。

国家自然科学基金委员会还专门设立了“黄河流域生态保护与可持续发展作用机制”研究专项，其目的就是针对气候变化和人类活动的影响下，黄河流域面临水资源供需矛盾尖锐、生态环境脆弱、水沙关系复杂、自然灾害频发、人地系统不协调等一系列问题，希望从流域整体性出发，系统揭示黄河流域水资源、生态保护与可持续发展耦合机制。

国家自然科学基金资助的相关重大专项还有“黄河流域人地系统耦合机制与优化调控”，其科学目标是分析黄河流域人水关系演变及社会-水文-生态系统动态，揭示黄河流域人地系统的演变机制和耦合机制；研究黄河流域水-粮食-能源的关联机制及生态环境效应，提出变化环境下协同提升路径与风险应对途径；构建黄河流域人地系统耦合大数据平台，发展人地系统耦合模型，模拟不同发展路径和情景条件下流域水安全、生态安全与可持续发展水平，提出流域人地系统统筹优化调控方案。

还有“黄河流域城市群与产业转型发展”项目，主要目的是研究黄河流域生态、城市群和产业发展交互作用机制，识别提出水资源约束与城市群和产业发展的交互影响，解析气候变化条件下生态驱动城市群与产业发展的动态演化过程，揭示生态保护约束下城市群和产业发展空间一体化布局规律，分析全球化和能源革命条件下生态、城市群与产业转型发展整合调控机制。

这些项目围绕黄土高原水土流失综合治理与产业发展协同技术、山水林田湖草沙综合系统治理及水土流失的精准控制、黄土高原植被恢复由“浅绿”到“深绿”、水土保持+碳汇+生物多样性及功能协调协同治理、生态恢复的长效性、社会-生态系统长期演化机制与可持续调控策略、区域生态经济和社会协调发展等方面的科学问题与关键技术，集中全国优势科研力量研究攻关，必将对提升黄河流域水土保持科技水平、促进生态治理-衍生产业协同发展、助力黄河流域生态保护和高质量发展重大国家战略实施起到重要的科技支撑作用。

5.2　主要研究进展

随着生态文明建设、乡村振兴战略的实施,以及水土保持事业的深入发展,我国科研工作者在黄河流域生态治理与经济社会协同发展方面开展了不少理论研究和实践探索。

研究表明,黄土高原地区不少区域水资源承载力已经达到或接近上限,为促进生态修复及高质量发展,黄土高原水土保持和生态治理模式必将进行目标、结构、功能和技术的系统性调整,需要实现生态治理与节约资源和环境保护的空间格局、产业结构、生产方式和生活方式的融合与协调。近年来,国家先后实施的退耕还林、退牧还草、风沙防护林建设、生态移民、水土流失重点治理工程及坡耕地治理工程等一大批区域生态建设项目,更加注重水土流失防治与民生改善、资源开发与生态保护的协调,形成了地表径流调控、土壤肥力提升、植被可持续恢复、水土资源协调和景观结构优化为一体的治理技术体系,发展区域特色生态产业,形成兼顾生态功能提升与民生改善的区域水土流失综合治理模式与管理体系,保障了区域社会经济可持续发展。

5.2.1　生态治理-衍生产业协同发展理论探讨

党的十九大报告指出,实施乡村振兴战略,要坚持农业农村优先发展,按照产业兴旺、生态宜居、乡风文明、治理有效、生活富裕的总要求,建立健全城乡融合发展体制机制和政策体系,加快推进农业农村现代化。党的二十大报告进一步指出,全面推进乡村振兴,坚持农业农村优先发展,巩固拓展脱贫攻坚成果,加快建设农业强国,扎实推动乡村产业、人才、文化、生态、组织振兴。这些都为生态-产业协同发展提供了行动指南和政策保障。黄河流域生态-产业协同高质量发展模式应该在系统论的哲学思想指导下,从经济学、生态学和社会学相结合多维度视角,把黄土高原生态治理与经济发展有机结合起来,建成环境治理有效、生态宜居,产业兴旺、生活富裕、乡风文明的黄土高原社会主义新农村。

“绿水青山就是金山银山”的理念具有丰富的科学内涵。绿水青山所代表的生态环境具有经济价值、文化价值,同时绿水青山所代表的生态环境就其本身而言也具有内在价值。因此,这一先进理念具有三个层次:第一个层次体现了“统一性”特征。“既要金山银山,也要绿水青山”“绿水青山可带来金山银山,但金山银山却买不到绿水青山。绿水青山与金山银山既会产生矛盾,又可辩证统一”。只有和谐统一,才能彼此成就。第二个层次:当经济发展与环境保护相冲突的时候,如何选择?“宁要绿水青山,不要金山银山”,强调了生态环境保护的“优先性”特征。但是,这并不意味着我们要放弃经济发展,回到农耕社会,优先性的目的是“留得青山在,不怕没柴烧”,“绿水青山”可以带来源源不断的“金山银山”。第三个层次:“绿水青山就是金山银山”蕴含了生态优势向经济优势的转化,即“转化性”特征。随着社会发展和科技进步,“绿水青山”将发挥越来越多的潜在价值,一定条件下还可以转化为金山银山。

“绿水青山就是金山银山”的理念所具有的内涵主要包括:第一,绿水青山是人类生存与发展的前提条件,其中自然是人类生存与发展的基础,在人类发展进程中,一些古代文明的覆灭与其生态环境的不断恶化有着千丝万缕的联系,人类发展历史表明,只有守住绿水青山,才能保障人类生存发展;人与自然的关系是人类社会最基本的关系,自然构成了人类生存的基本条件,给人类提供了生产生活来源,"人类改造自然时,必须要树立正确的自然观,认识和运用自然规律。以往很多的生态环境灾害,都是人类违背自然发展规律所导致的"。第二,保护生态环境就是保护生产力,良好的生态是经济发展的基础,生态环境问题从本质上是经济发展方式问题。对资源的过度开发,超过环境承载能力,必然严重阻碍经济可持续发展。世界上许多国家所经历的先污染后治理所付出的生态环境沉重代价的案例也充分证实了这一真理。第三,生态环境是关系国计民生的重大社会问题,良好的生态环境是最普惠的民生福祉,正如习近平总书记所说,"老百姓过去'盼温饱'现在'盼环保',过去'求生存'现在'求生态'"。那么,解决生态环境恶化制约经济发展的突出短板,改善环境质量,营造良好的生态环境也正是对广大人民群众热切期盼的积极回应;处理生态环境突出问题是解决民生问题的关键,民众对干净的水、清新的空气、安全的食品、优美的环境等的要求越来越高,生态环境在群众生活幸福指数中的地位不断凸显,生态环境问题日益成为重要的民生问题。第四,生态兴衰与文明兴衰是相辅相成的,"生态兴则文明兴,生态衰则文明衰"是习近平生态文明思想中的一个基础性论断,阐明了尊重自然生态环境对人类文明生存延续以及可持续发展的基础性作用。

加大生态系统保护力度,加快完善生态文明制度体系建设,推动形成绿色发展方式和生活方式是实现"绿水青山就是金山银山"理念的主要路径。推动形成绿色发展方式和生产方式,一是要构建绿色产业链;二是要加大环境污染防治和生态环境修复力度;三是要合理利用自然资源,倡导绿色消费,推动形成绿色健康的生活模式。

5.2.2 黄河流域生态-产业协同高质量发展的理论模式

5.2.2.1 三元可持续景观模式

针对退耕还林还草工程建设与乡村振兴战略的融合中存在的制约性问题,有研究者提出了三元可持续景观模式,即:山顶阳光充足,适宜削峁建盆地(边沿稍高,中心稍低,有利于降水就地入渗灌溉果园),发展果业,增加经济收入,实现生态与经济双赢效果;山腰进行植被建设,以种草为主,灌木为辅,草本植物根系多,相互之间盘根错节,形成网状结构,有利于减少水土流失;山下适当治沟造地,发展现代设施农业,解决农民吃饭和增加农民收入,从而形成生态综合治理的三元景观结构。

5.2.2.2 生态农业模式

在黄土高原地区农业生产与农业生态功能不平衡、种植施肥与农业环境需求不平衡等农业内部不平衡不充分的问题还十分突出,不仅造成农业化肥不能充分利用,而且使得生态功能不能充分发挥。因此,急需探索生态农业模式,改革农业供给侧结构,促进人口、资源与环境协调发展,减少农药化肥施用量,保障食品安全与人体健康。在黄土高原丘陵沟壑区,实施生态农业发展模式,采取山上果树与中药材复合种植、山下设施农业与中药材复合种植、乡村旅游与生态产业等协同发展的途径,而不是只单一关注生态治理的退耕还林还草或只注重产业发展而忽视生态治理,走一条绿色有机农业发展道路,增加农业附加值,延长生态产业链条。建成真正的"产业兴旺、生态宜居、乡风文明、治理有效、生活富裕"的黄土高原丘陵沟壑区社会主义新农村,唯此才能打赢精准脱贫攻坚战,才能全面建成小康社会。

5.2.3 生态-产业协同高质量发展的技术路径

目前黄土高原大部分缺水地区水资源承载力严重不足，依靠本地水资源难以支撑生产、生活、生态的发展需求，特别是如何利用有限的水资源支撑产业发展、促进经济社会可持续发展是关键的技术难题之一，亟待探索发展符合黄土高原实际、与水资源承载力相适应的产业发展技术。

在干旱地区受水资源匮乏的严重制约，必须寻求新的与水资源承载力相适应的产业发展路径，需要结合国家产业发展政策，坚持生态文明建设理念，坚持保护与发展相结合，坚持节水优先，坚持“以水定产”，强化水资源优化配置，提高水分生产效率。农业方面，结合农业供给侧结构性改革和乡村振兴战略要求，实施农业节水增产行动，优化农业内部种植结构，加强灌区节水灌溉与旱区集雨节灌，提高水肥资源利用效率；现代服务业方面，发展旅游、文化等产业。同时，应推进第一、二、三产业融合发展，创新探索适水型的新兴产业，结合水土流失治理，推进生态修复产业，培育“互联网+”“生态+”“旅游+”等产业。

黄河流域生态-产业协同高质量发展应根据地区产业整体布局，全力推进产业结构优化升级，加快形成绿色集约化生产方式，促进三产融合发展，带动经济社会健康快速发展。以培育特色农业为主线，全力发展以现代化高标准灌溉为支撑的现代农业，重视旱作农业发展，带动以农产品加工业和农业配套工业为主的节水型工业发展，不断推进农业支撑服务、物流等服务业的发展。

以培育特色产业、保障农产品供给、增加农民收入为目标，抓准“黄土高原农业生态区”的定位，突破以传统初级农产品原料生产为主的局限，在有良好灌溉条件地区，通过农业种植结构优化调整，因地制宜发展以果蔬为主的灌溉农业；在旱作农业区域发展中药材、小杂粮、草畜等种植、加工产业，同时创新农业发展方式，推动循环农业、生态修复产业、田园综合体和文旅产业的发展。

5.2.3.1 发展重点产业

(1)中药材产业。在适宜种植区域大力发展中药材种植业。如可以在干旱温和区种植甘草、党参、黄芩等药材；在湿润凉爽区种植黄芪、板蓝根、秦艽等药材；在阴坡地带种植益母草等药材；在光热充足地区种植连翘等木本植物；在水土流失修复区种植沙棘。建立大型育苗基地和集中连片种植区，塑造“地道药材产地”。

(2)果蔬产业。在适宜灌区以发展设施蔬菜和设施果树为主，重点种植高原夏菜、苹果、山杏及葡萄、草莓、樱桃等高附加值经济作物。

(3)草畜产业。完善种养结合的草畜发展模式，在坚持封山禁牧、保护生态环境的前提下，加大人工牧草种植面积，引进优良牧草品种，集中成片种植。重点发展具有地理标志的以肉羊、肉牛等为主的家庭养殖农场，鼓励企业规模化养殖，加快建立良种繁育体系和牛羊肉的深加工产业体系。

(4)杂粮产业。在适宜地区，扩大良谷米、黑谷米、扁豆、豌豆、蚕豆、荞麦、燕麦等特色杂粮种植规模，在适宜乡镇建立杂粮标准化生产基地和加工产业，在适宜地区建设优特小杂粮制种基地。

(5)全膜种植业。为稳定粮食生产和保障群众稳定收入,在干旱半干旱地区实施全膜种植科技抗旱增收工程。引进马铃薯优质新品种及旱作种植技术,实现马铃薯种植结构从农户散种到规模成片种植转型,推广粮饲兼用型及全贮饲用型杂交玉米品种,推广先进技术,保障玉米和马铃薯等地域优势农作物高产、稳产。

5.2.3.2 **发展新型产业**

(1)循环农业。结合循环农业“减量化、再利用、再循环”的特点,构建农业资源高效利用、集约化的循环农业体系,将种植业、畜牧业等与生产加工业有机联系,形成整体生态链的良性循环,重点形成以秸秆为纽带的农业循环经济模式,即围绕秸秆饲料、基料化综合利用,推广节地、节水、节种、节肥、节药、节能和生态循环农业新技术。

(2)“互联网 +”“旅游 + ”农业。推进“互联网+”现代农业行动,推行“一镇(乡)一品”,发挥本地特色农产品优势,结合现代电子商务,建立“互联网 + 农业”体系,重点沿交通便利的国道、省道发展农村电商。推进生态、农业与旅游产业融合,开发农业旅游产品、生态旅游产品。

(3)生态修复产业。开发雨洪资源利用技术途径,重视雨养农业对偏远地区经济生活的支撑作用。结合荒山绿化工程、退耕还林还草工程、山水林田湖草沙生态综合保护和修复工程,发展林业生态修复产业,重点发展杏、核桃、文冠果、牡丹、侧柏等,建立柠条采种基地。结合新型灌区建设,加快推进林业滴灌工程的实施。

(4)田园综合体。以农民合作社为主要载体,生态田园景观为抓手,以让农民充分参与和受益为目的,采取“农业+生态+文化旅游+地产”的综合发展模式,通过土地流转等方式促进农业、生态产业适度规模经营,沿主要节点乡镇建立田园社区,加强“生态田园+宜居农村”基础设施建设。

5.2.3.3 **重点农产品加工业**

结合黄河流域地域自然、社会条件,在合适的区域提倡发展农业产品加工业,包括生物医药加工业、绿色农产品加工业、畜牧养殖加工业等。引入标准化生产线,推广精细化、规范化、高品质深加工。

(1)生物医药加工业。结合适宜种植的甘草、党参、黄芪等优质药材类别,引进生物医药企业,推进生物医药企业 GMP 认证,实现标准化、规模化生产。积极鼓励开发一批新型农业生物制剂与重大产品,积极开展各类中药材制剂、保健品、饮料、化妆品等新产品的研制。

(2)绿色农产品加工业。依托绿色优质农产品,按照“公司+中介+基地+农户”模式,支持粮食、小杂粮、果蔬等农产品加工业的发展。玉米加工业以发酵加工、玉米制糖、玉米淀粉加工、生物制药及副产品加工等为主;马铃薯加工业以生产马铃薯变性淀粉、马铃薯全粉、马铃薯薯条薯片、马铃薯膳食纤维、马铃薯蛋白粉等产品为主;小杂粮食品加工业根据不同杂粮的保健功效,开发不同类型保健食品、饮品,生产芯米豆、高纤麦维素杂粮等高端食品。严格实施食品生产许可制度,加强食品企业 QS 认证工作。

(3)畜牧养殖加工业。肉制品工业以肉牛、肉羊屠宰和深加工为主。培育肉制品加工企业,引进冷却肉、冰鲜肉、传统肉加工技术,开发具有地域特色的牛羊肉风味产品,例如腌制肉、冷鲜肉等肉类食品,同时鼓励开发可用于保健、医疗、美容等领域的具有高附加值的产品。建立完善的肉牛交易市场,扩大提质肉羊交易市场,建立规范的禽蛋交易市

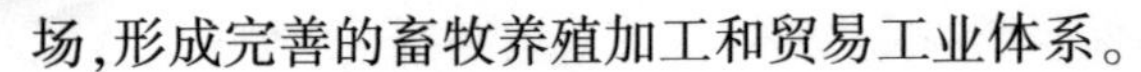

场,形成完善的畜牧养殖加工和贸易工业体系。

5.2.3.4 特色产业园区

根据资源条件在重点乡镇或近郊打造产业园区,合理布置园区规模、方向和品位。强化投资环境服务,有针对性地开展招商活动,提供政策优惠条件,引进一批龙头企业、有潜力的新企业入驻。

(1)扶贫新能源产业。

结合地区脱贫攻坚行动的实施,依托政府和社会等外部的资源投入,不断带动扶贫太阳能、风能等相关产业的发展。同时,可以发展“太阳能+”产业,即在太阳能板下发展农产品种植业,包括农作物、蔬菜、中药材,以及放养家禽等。

(2)文化旅游产业。

结合实施保护、传承、弘扬黄河文化的国家战略目标,有计划推进旅游文化城市建设,发展以文化旅游为核心的现代服务业,充分挖掘本地文化精神内涵,夯实景区基础设施建设,开发文化旅游风景片区,将打造国家级水土保持示范县(园)和旅游景点相结合,设立精品生态旅游路线,打造红色+生态+美食+文化旅游新业态。

(3)发展生态文化产业。把生态特色条件作为文化产业发展的载体,不断提升生态旅游文化内涵,培育形成一批有影响力的生态文化企业和特色文化产品。深入挖掘本地历史人文、生态内涵,推进景区开发,并推动非物质文化遗产的传承和创新。

①发展乡村旅游。依托本地独特的地质地貌和优质生态农业,建设“一洞一家”黄土高原农家生活旅游体验基地,发展以“吃农家饭、住农家院、摘农家果、品农家菜”为主题内容的农家乐。采取“一户一业态”的差异化发展策略,形成各具特色的旅游品牌和发展模式,发展乡村旅游新业态,不断朝精细化、精品化、规范化的方向发展。

②发展生态旅游。充分挖掘本地生态旅游资源,打造生态景观带,上中下游两岸山坡因地制宜种植油菜、苦荞、亚麻、紫花苜蓿,黄、紫、蓝等多色互动,开发建设摄影、写生创作基地。为扩大效应,沿途应设置生态景观标识。

③打造精品旅游路线。打造红色文化旅游主线,水利风景、水土保持示范与红色文化融合路线,生态与红色文化融合路线,精品旅游路线沿途发展农家乐,道路两侧坡耕地和梯田种植油菜等具有观赏性的作物。

5.2.3.5 新型服务业

发展农业支撑服务,在生态农业区设立农业技术推广站和专家咨询服务站,培养一批具有农业专业技术的人才,负责农业新技术的试验、示范、推广和咨询,为农民提供技术指导、技术培训。发展物流业,为农产品、生态衍生产品、工业产品的销售提供快捷渠道。

5.3 面临的问题与研究展望

5.3.1 面临的问题

植被建设是黄土高原水土流失治理和生态环境改善的关键措施,然而,退耕还林还草实施取得显著成就的同时,也对经济、社会、生态的可持续发展带来了新问题,局部地区人-地-粮之间的矛盾比较突出,进一步加速乡村空心化等,制约了全面建成美丽乡村步伐。

(1)水资源对黄土高原植被建设的限制性作用更加凸显,阻碍农村生态景观建设的可持续发展。黄土高原水资源植被承载力阈值为(400±5)gC/(m^2·a),在未来气候趋暖条件下,该承载力将在383~528 gC/(m^2·a)之间波动。黄土高原植被覆盖度从1999年的31.6%提高到2020年的67%以上,有效地遏制了黄土高原水土流失。但是,目前黄土高原植被恢复已接近水资源植被承载力阈值,如果进一步扩大植被建设面积,将不可避免地加剧土壤水分耗散、水资源短缺等问题,引发新的生态问题。

(2)不少地区退耕还林还草和人工林主要以速生物种为主要建群种,耗水性较强,群落生产力过高,对黄土高原有限的水分消耗过多,加之降雨量少而蒸发量大,导致黄土高原不少区域的"土壤干层"面积逐步扩大,反而又会造成植被退化,降低农业生产力,形成新的农业问题和生态环境问题,不利于农业经济可持续发展。

(3)局部地区出现耕地面积短缺问题,对确保粮食安全构成新的压力。据研究,坡度大于25°的坡面适宜退耕还林还草,黄土高原应退耕还林还草面积为236万hm^2,但是仅陕西省在2020年的累计退耕还林还草面积就已经达到188.8万hm^2。在退耕还林还草面积增加的同时,耕地面积相应减少,例如陕西省延安市的耕地面积由2000年的1 800多万亩减少到2010年的900万亩,累计减少1/2,区域粮食安全受到威胁。

(4)生态经济发展薄弱成为阻碍生态治理健康发展的软肋。目前,在生态治理与生态衍生产业发展、退耕还林还草工程的政策保障、水土保持措施效用的可持续发挥等方面仍存在一些薄弱环节。一是虽然在黄土高原几十年的治理历程中也提出需要发挥水土保持的经济、社会、生态及调水保土等效益,而实际上,水土保持与当地产业结构调整、衍生产品开发、经济发展和乡村振兴等民生保障的有机结合非常薄弱,缺乏分区分类的综合治理与脱贫致富共同发展的顶层规划和治理方略指导。由于一些治理模式不能满足民生改善的需求,致使群众对治理的积极性不高,甚至有的地方为生计原因,毁林开荒、上山放羊的现象时有发生。

5.3.2　对策建议

未来在黄河流域要以生态治理与经济协同发展为切入点,以水资源承载力阈值为约束条件,坚持绿色导向,强化生态治理与经济协同发展建设力度,开展生态治理与经济协同发展科技攻关,建成一批具有地域特色的生态治理与经济协同发展技术模式;强化现代科技的融合,提升生态治理与经济协同发展的产业链与价值链;强化技术引导与示范,构建起现代农业撬动绿色农业的支撑点,使之成为区域生态保护与农业经济高质量发展的重要举措,让黄土高原由"浅绿"向"深绿"转变,成为中国践行"绿水青山就是金山银山"理念的先行试验示范区。

(1)走"生态修复+乡村振兴"之路,促进黄河流域高质量发展。

①加强"生态修复+乡村产业振兴"统筹领导。黄土高原的山水林田湖草沙生态修复和乡村振兴,耦合了资源、产业、资金、政策等要素,需要做好顶层设计与高质量实施,做好"人、财、物"的协调保障。该系统工程的实施绝非单一部门能够完成,需要成立以地方政府为主导的领导小组,统筹资源利用、产业扶持、资金支持和政策保障等,确保治理工作的高效实施。

②规划引领“生态修复+乡村产业振兴”。生态修复不仅需要统筹流域内山水林田湖草沙各要素，而且要针对流域经济发展模式单一、生态致贫等问题，将乡村振兴融入生态修复中来，实现生态修复与乡村振兴双赢。因此，需要统筹国土空间、生态修复、产业发展等各类规划。

③突出地方区域特色。黄土高原的立地条件和生态环境因沟而异，且区域间的经济社会发展也存在较大差异。同质化的生态修复模式不利于生态系统的稳定，同质化的乡村振兴模式也会造成区域间的产业重复与内部竞争等不良问题。因此，需要突出地方区域特色。

④充分盘活各类资金。黄土高原经济社会发展普遍落后，生态修复往往面临资金短缺的制约。该区域承担着国家水土保持和水源涵养等重要生态功能，既需要利用中央和地方财政转移等途径筹集资金，也要推动“生态修复+乡村振兴”资金来源渠道的多样化。

（2）加强生态治理与经济协同发展的理论与关键技术研究。

2021年6月施行的《中华人民共和国乡村振兴促进法》规定，各级人民政府应当坚持以农民为主体，以乡村优势特色资源为依托，支持与促进农村第一、二、三产业融合发展，发挥农村资源和生态优势，支持特色农业、休闲农业、现代农产品加工业、乡村手工业、绿色建材、红色旅游、乡村旅游、康养和乡村物流、电子商务等乡村产业的发展。国家健全重要生态系统保护制度和生态保护补偿机制，实施重要生态系统保护和修复工程，加强乡村生态保护和环境治理，绿化美化乡村环境，建设美丽乡村；鼓励和支持农业生产者采用节水、节肥、节药、节能等先进的种植养殖技术，优先发展生态循环农业。

党的二十大报告进一步提出，要全面推进乡村振兴，坚持农业农村优先发展，巩固拓展脱贫攻坚成果，加快建设农业强国。要推进美丽中国建设，坚持山水林田湖草沙一体化保护和系统治理，统筹产业结构调整、生态保护，提升生态系统多样性、稳定性、持续性，加快实施重要生态系统保护和修复重大工程。

为此，迫切需要对黄土高原水土流失综合治理与生态产业协同发展的理论与关键技术开展系统研究，奠定保障黄土高原生态安全和经济社会可持续发展的科技支撑基础。未来黄河流域生态治理与乡村振兴协同可持续发展模式的研究应该在系统论的哲学思想指导下，从经济学、生态学和社会学相结合多维度视角，将有效阻控水土流失的植物群落合理构建与功能定向调控和水土保持、资源配置与生态产业协同发展两个核心科学问题相结合，阻控土壤侵蚀植物群落构建与景观优化设计、水土流失治理措施优化布局与系统服务功能提升、特色生态衍生产业提质增效、水土流失综合治理与生态产业协同发展四个核心关键技术统筹研发将是今后需要关注的重点方向。

（3）设立生态治理与经济协同发展国家科研专项，构建和健全以现代科技进步驱动的生态治理与经济协同发展技术体系。黄土高原是黄河流域生态保护与农业经济高质量发展的核心区，要明确该区生态保护的核心区以及特色主导产业的布局，进一步优化黄土高原在国家生态保护、产业发展中的空间布局和定位。以生态治理与经济协同发展为切入点，加强适宜黄土高原的生态治理与经济协同发展的关键技术研发，加快建立现代生态治理与经济协同发展产业科技创新体系，结合国家“新基建”工程，利用人工智能和数字管理等现代技术，推广耕地休养、间作套种、配方施肥、生物技术、节水农业、绿色防控、绿色养殖、农牧轮作等传统生态治理与经济协同发展的跨越式发展。特别是在资源科学配置与高效利用的生态治理与经济协同发展技术方面，建议加强立体种植技术、多级配置多物种共生和多级生物循环的高效生产模式，减少高耗水植被种植，促进生态治理有机物料和农业废弃物处理与再生技术等关键技术研发。开展农业生态系统的生态集约化和生产集约化耦合探讨，测评农业生态系统各生产要素重组的微观生态环境效应，强化生态治理与经济协同发展的技术集成创新，尽快研制出一批可推广、可复制，具有鲜明黄土高原地域特色的生态治理与经济协同发展技术体系与推广示范模式。

(4)提升农业生态系统多维服务价值，建立基于市场需求的多元化投入机制，探索和提升以高质量发展为目标的新型生态治理与经济协同发展生产与产业体系。对农业生态系统中各生产要素种类及其组合方式进行重组，充分挖掘、提升并科学评价生态系统的服务价值。把生态治理与经济协同发展作为黄土高原农业发展的着力点，引导和支持种养大户、家庭农场、农民合作社、实体产业、文旅行业和金融投资企业逐步成为发展现代农业的主导力量，推动生态治理与经济协同发展主体、模式、品牌的高质量发展。加快发展生态治理与经济协同发展专业合作组织，大力推动合作组织一体化经营，鼓励发展订单农业和“互联网+现代农业”。构建生态治理与经济协同发展产业体系，调优、调高、调精农业产业，发展壮大新产业、新业态，打造农业全产业链，提高农业产业的整体竞争力。促进农村第一、二、三产业融合发展，推动生态治理与经济发展相协同，深度融合加工、休闲、文创等产业，延长产业链、提升价值链。

(5)建立一批生态治理与经济协同发展先行试验示范县，引领和优化区域现代生态治理与经济协同发展经营体系。在黄土高原典型类型区，建立一批生态治理与经济协同发展先行试验示范县，加强生态治理与经济协同发展技术推广应用，支持推广绿色生产方式，实施耕地质量提升与促进化肥减量增效行动，深入推进农作物病虫害绿色防控，促进农业绿色发展。健全农业社会化服务体系，因地制宜推广机械化生产，提高农业经营规模化、标准化、社会化、机械化水平。利用淤地坝坝地优势，建设高标准农田，发展设施农业。加快转变农业经营方式，发展土地流转、土地托管、土地入股等多种形式的适度规模经营。实施生态治理与经济协同发展标准化战略，健全农产品质量和食品安全标准体系。建立以第三方组织为依托的安全评价平台，率先搭建生态治理与经济协同发展信用评价平台，从源头上保障农产品质量安全。

(6)构建多方联动的生态治理与经济协同发展培训模式，提升和重构现代生态治理与经济协同发展的人才支撑体系。利用现有传媒平台，注重对基层领导干部和农业技术人员的培训，重点是生态治理与经济协同发展、绿色低碳和现代信息融合可持续发展等方面的培训，以形成统筹保护生态治理与经济协同发展大环境，提升推进生态治理与经济协同发展可持续发展的决策能力。对农业生产企业、新型职业农民、农业职业经理人和农业生产者进行实用技术培训，加快推广农业生产环境保护及农产品生产、加工、销售等环节的实用技术，提高自主创新能力，以减少农业生产投入和浪费，发展安全、高效的生态农产品。

同时，建议在相关职业教育院校，开设生态治理与经济协同发展的课程，做好人才储备。

5.3.3 研究展望

早在1924年国外就开始探索生态农业的发展。20世纪60年代中期美国经济学家Kenneth Boulding在他的一篇《一门科学——生态经济学》论文中首次正式提出了“生态经济学”的概念，也正是在这一时期瑞士和美国等国家许多农场转向生态耕作。到了20世纪70年代末，生态农业开始转向东南亚地区，从20世纪90年代开始，生态农业逐渐在世界各国发展。目前，在世界上实行生态管理的农业区域约1 055万hm^2，其中，澳大利亚生态区面积最大，有529万hm^2，占世界总生态区面积的50%，其次是意大利和美国，分别是95万hm^2和90万hm^2，从生态农地占农业用地面积的比例来看，欧洲国家均较高；从生态农产品产值方面看，现在每年全球的生态农产品总值不断增加，目前达到了250亿美元。澳大利亚、以色列等发达国家生态农业建设水平高，农副产品供应充足。而且以往以大量化石能源为基本特征的“常规农业模式”对资源破坏的教训非常深刻。在此前提下实行有机农业等替代生态农业模式，自然更多地关注环境问题。所以，国外可持续生态农业的模式选择是同资源利用和生态保护联系在一起的。虽然国外生态农业理论不是很成熟，实践规模也很小，不过其影响却深远，体现了农业可持续发展的思路，代表了农业的发展方向。

我国自20世纪五六十年代开始至今，党和政府长期不懈地开展了以水土保持为中心的生态环境治理工作，积累了丰富的经验，取得了巨大的生态效益、经济效益、社会效益。以小流域为单元的综合治理，生态效益与经济效益相结合，治理与开发相结合，在产业开发方面开展了有益的探索。近年来实施的多种生态建设项目，在建设生态的同时，也在注重产业的发展。尤其是在黄土高原实施的丰富实践充分证明，只有把生态建设与产业发展相结合，把环境改善与群众生活水平的提高相结合，做到协调发展，才能巩固生态建设的成果，保障生态产业的发展。

生态产业是按生态经济原理和知识经济规律组织起来、基于生态系统承载能力、具有高效的经济过程及和谐生态功能的网络型进化型产业。生态产业追求经济效益和生态效益的统一，强调资源的综合利用、技术的系统组合、学科的边缘交叉和产业的横向结合。生态产业在更大程度上是指在建设生态环境的同时培育和发展的衍生产业，其目标是在建设生态的同时，最大限度地利用当地的特色资源，提高经济效益，让农民群众见效益、得实惠。因此，如何将生态与产业更好地结合才是核心所在。

黄土高原最大的资源是光热及土地资源，在该区域发展产业，其根本是以土地为基本资源，前提是要有良好的生态环境。建设生态是充分利用光、热、水、气等自然资源，利用最适宜的、具有最高生态效益和经济效益的植物品种，采取适宜的工程及农艺措施，进行治理和建设，发挥保持水土、改善环境的生态作用。同时，在建设好生态的前提下，必须充分发挥经济效益，使农民能分享在生态环境建设中带来的经济收入，从而使农民富裕起来。

只有生态治理与产业发展相结合，生态才能持久改善和保持良好状态，产业也才能成为绿色健康无污染可持续的产业。黄土高原具有独特的自然条件，可以充分利用其优势生物资源，在该区域推行生态与衍生产业一体化，通过生态化、集约化、规模化发展生态产业，利用现代生物技术，实施生态建设产业化和农业、畜牧业生态化，并通过深加工拓展第二产业，形成集生态效益、经济效益和社会效益于一体的新型产业链，由此强劲带动畜牧业和种植业的发展，促进整个农村经济结构的调整和人与自然和谐共处，实现经济社会和生态环境效益的统一，保障乡村高质量发展。

为实现黄河流域生态保护和高质量发展重大国家战略的目标，需要积极应对水土保持与经济社会协调发展的挑战。未来此领域所要解决的关键科学问题是水土保持-乡村振兴高质量融合发展的内涵、外延、目标、方法与实现途径，提高对山水林田湖草沙综合治理的科学认知水平，不能孤立地看待水土保持和生态治理，要与解决好流域的防洪安全、生态安全、经济安全、社会安全和粮食安全等问题结合起来，建立良性的权衡协同关系；突破制约生态治理与经济社会发展相协同的技术、政策瓶颈，研究区域特色的水土保持生态衍生产品，引导发展水土保持生态产业，形成区域特色鲜明的充分体现水土保持特点的经济社会高质量发展模式，建立综合效益最大化的水土保持-生态-经济-社会协同关系；探索生态优先和绿色发展的协同路径，构建水土保持-脱贫融合示范模式，提升水土保持发展的质量；研究淤地坝拦泥与水土资源高效利用相统一的技术，探索淤地坝拦沙淤地与拦洪蓄水的新的协调关系，以及淤地坝拦洪淤地及防洪安全等方面的新的运行模式与管理制度。解决好水土保持与经济社会协调发展问题已成为新时期水土保持高质量发展的必然，也将使水土保持科学发展更具活力、更具生命力。

参考文献

[1] 陈祖煜，李占斌，王兆印. 对黄土高原淤地坝建设战略定位的几点思考[J]. 中国水土保持，2020(9)：32-38.

[2] 邓香港. 绿水青山提质增效技术与地域发展模式[D]. 杨凌：西北农林科技大学，2022.

[3] 黄晶，薛东前，马蓓蓓，等. 黄土高原乡村地域人-地-业协调发展时空格局与驱动机制[J]. 人文地理，2021，36(3)：117-128.

[4] 江增辉，刘向华. “绿水青山就是金山银山”理念的内涵及实现路径——基于安徽省的绿色发展实践[J]. 安徽林业科技，2022，48(6)：3-7.

[5] 姜悦，侯现慧，刘国彬，等. 黄土高原生态-经济-社会耦合协调发展研究——以长武县、绥德县、神木市和淳化县为例[J]. 水土保持通报，2022，42(4)：234-243.

[6] 李凤民. 黄土高原旱作农业生态化与高质量发展[J]. 科技导报，2020，38(17)：52-59.

[7] 刘宇宁，寇涛. 黄土高原水土保持生态系统管理与服务功能成效研究[J]. 黑龙江粮食，2021(9)：101-102.

[8] 上官周平，王飞，昝林森，等. 生态农业在黄土高原生态保护和农业高质量协同发展中的作用及其发展途径[J]. 水土保持通报，2020，40(4)：335-339.

[9] 申震洲，姚文艺，肖培青，等. 黄河流域晋陕蒙接壤地区生态治理技术[C]//中国水利学会. 中国水利学会 2020 学术年会论文集. 北京：中国水利水电出版社，2020：7-12.

[10] 申震洲，姚文艺，肖培青，等. 黄河流域砒砂岩区地貌-植被-侵蚀耦合研究进展[J]. 水利水运工程学报，2020(4)：64-71

[11] 苏航. 黄土高原沟壑型村落乡村振兴模式探索——以洛川县黄连河村为例[J]. 城市建筑，2020，17(14)：14-17.

[12] 王嘉枫. “绿水青山就是金山银山”理念及其实现路径[J]. 西南林业大学学报（社会科学版），2021,5(6):31-35.

[13] 王煦然,原野. 黄土高原沟域生态保护修复与乡村振兴的结合路径——以山西省静乐县为例[J]. 中国土地,2021(9):37-39.

[14] 魏刚,严涛,张行勇. 黄土高原生态建设与乡村振兴耦合发展之路探索[N]. 中国科学报,2022-11-10(2).

[15] 习近平. 在黄河流域生态保护和高质量发展座谈会上的讲话[J]. 中国水利,2019(20):1-3.

[16] 习近平. 在全国脱贫攻坚总结表彰大会上的讲话[J]. 新长征(党建版),2021(4):4-11.

[17] 杨小东. 乡村振兴战略下黄土高原区村域产业发展和综合保护——以会宁县侯家川村为例[J]. 甘肃科技,2021,37(2):1-2,49.

[18] 袁和第,信忠保,侯健,等. 黄土高原丘陵沟壑区典型小流域水土流失治理模式[J]. 生态学报,2021,41(16):6398-6416.

[19] 张帆,尚磊,李远航,等. 黄土高原小流域水土保持特色产业综合体模式浅析[J]. 中国水土保持,2022(9):46-48.

[20] 张金良. 基于新型淤地坝的黄土高原“小流域+”综合治理新模式探讨[J]. 人民黄河,2022,44(6):1-5,43.

[21] 张智,王春丽,任军荣,等. 草-旅-畜-沼-果生态循环观光农业模式在黄土高原苹果主产区的推广应用探析[J]. 现代农业科技,2022(11):67-69.

[22] 周一虹,刘元哲. 基于水土保持的甘肃庄浪梯田生态产品价值实现研究[J]. 会计之友,2021(19):140-147.

[23] Kenneth Boulding. The economics of knowledge and the knowledge of economics[J]. American Economic Review,1966(2):1-13.

第6章

数字孪生流域

6.1 引 言

习近平总书记在中央全面深化改革委员会第二十五次会议上强调,要全面贯彻网络强国战略,把数字技术广泛应用于政府管理服务,推动政府数字化、智能化运行,为推进国家治理体系和治理能力现代化提供有力支撑,并提出了提升流域设施数字化、网络化、智能化水平的明确要求。加快建设数字孪生流域,构建智慧水利体系,推动新阶段水利高质量发展是当前水利建设的重要任务。《中华人民共和国国民经济和社会发展第十四个五年规划和2035年远景目标纲要》明确提出,要加快数字化发展,建设数字中国,并且特别提出要“构建智慧水利体系,以流域为单元提升水情测报和智能调度能力”。中共中央、国务院印发的《黄河流域生态保护和高质量发展规划纲要》提出建设智慧黄河,并将智慧黄河作为黄河流域生态保护和高质量发展水安全保障的重要措施。水利部党组已将智慧水利建设作为新阶段水利高质量发展的显著标志之一,明确了总要求、目标、主线、途径等。水利部部长李国英亲自布局顶层设计,要求按照需求牵引、应用至上、数字赋能、提升能力的原则,以数字化、网络化、智能化为主线,以数字化场景、智慧化模拟、精准化决策,全面推进算据、算法、算力建设,构建数字孪生流域,加快建造具有预报、预警、预演、预案功能的智慧水利体系。

数字孪生黄河建设是深入推动黄河流域生态保护和高质量发展工作的重大需求和重要实践。2021年9月18日,水利部召开深入推动黄河流域生态保护和高质量发展工作座谈会,李国英部长明确要求建设数字孪生黄河,水利部将数字孪生黄河建设列为“十四五”智慧水利发展建设重点工程。水利部先后印发《关于大力推进智慧水利建设的指导意见》《“十四五”智慧水利建设规划》《“十四五”期间推进智慧水利建设实施方案》《智慧水利建设顶层设计》《数字孪生流域建设技术大纲(试行)》《数字孪生水网建设技术导则(试行)》《数字孪生水利工程建设技术导则(试行)》《水利业务“四预”基本技术要求(试行)》《数字孪生流域共建共享管理办法(试行)》等,明确了推进智慧水利的时间表、路线图、任务书、责任单,细化明确了数字孪生流域、数字孪生水网、数字孪生水利工程、水利业务预报—预警—预演—预案(简称“四预”)等建什么、谁来建、怎么建以及如何共享等要求,为各级水利部门智慧水利建设提供了基本技术遵循。

2022年,水利部黄河水利委员会(简称黄委)印发《数字孪生黄河建设规划(2022—2025)》(简称《规划》),构建具有预报、预警、预演、预案等功能的数字孪生黄河,以数字化、网络化、智能化支撑带动黄河保护治理现代化,这标志着“把黄河装进计算机”有了行动指南。

全国首批实施了11个先行先试重点数字孪生水利工程项目,其中包括数字孪生小浪底和数字孪生万家寨。数字孪生小浪底是国内建设规模最大的数字孪生水利工程项目。数字孪生小浪底依托数字孪生仿真引擎平台技术,将高精度的GIS数据、BIM模型数据、水利模型模拟结果、业务平台数据进行应用融合,打造小浪底水利工程物理实体在孪生世

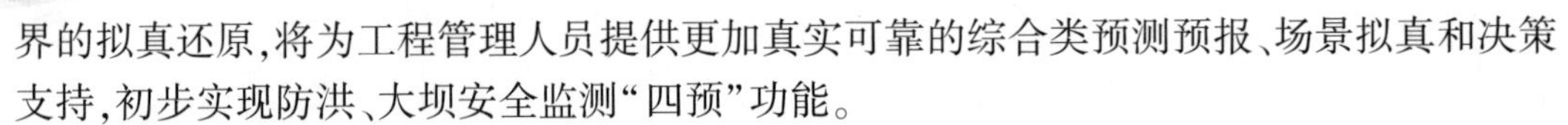

界的拟真还原,将为工程管理人员提供更加真实可靠的综合类预测预报、场景拟真和决策支持,初步实现防洪、大坝安全监测“四预”功能。

我国江河水系众多,保护治理是一个庞大复杂的系统工程,因此坚持数字赋能,依托现代信息技术变革治理理念和治理手段是非常必要的。通过在数字孪生流域建设,可以预演治理工程布局及建设方案,综合分析比对各要素,预演防洪、供水、发电、航运、生态等调度过程,动态调整、优化调度方案;可以动态掌握河湖全貌,实现权威存证、精准定位、影响分析;可以实现对于流域的多项应用,从而更好地完成流域治理、管理工作。

6.2 主要研究进展

建设数字孪生流域,就是要以物理流域(实体流域)为单元、时空数据为底座、数学模型为核心、水利知识为驱动,对物理流域全要素和水利治理管理全过程的数字化映射、智能化模拟与智能化决策,实现与物理流域同步仿真运行、虚实交互、迭代优化。近年来,随着物联网、大数据、模拟仿真以及信息技术的快速发展,现代信息技术进入新发展阶段,为河湖治理、工程管理提供了新的可能。通过卫星遥感、无人机、传感器等设施可以提供更为全面、细致的数据监测,5G 网络的普及为数据远程采集、传输、管理等提供了保障,集成度更高、频率更快的处理芯片提升了算力,推动水利发展向数字化、网络化、智能化转变的技术条件已经具备。

随着以云计算、Web2.0、物联网等为标志的第三次信息技术浪潮到来,以感知、互联和智能等为基本特点的物联网、大数据、人工智能及其应用的技术发展,数字孪生流域研究不断深入,当前研发内容主要聚焦在数字孪生平台框架、数据孪生算据、数字孪生算法模型等方向。

6.2.1 数字孪生流域概念

数字孪生最早可以追溯到20世纪60年代,先后经历了“镜像的空间模型”“信息镜像模型”等概念。直至2010年,数字孪生由美国国家航空航天局(NASA)首次提出并得到进一步发展。2011年,形成“数字孪生体”的概念,沿用至今,在航空航天、工业产品设计、工程全生命周期管理、车间管控系统、城市建设应用等领域具有成熟的应用场景。

传统水利运行管理方式已难以满足新时代经济社会发展所需的专业化、精细化、科学化管理需求,以经验为主、事后总结和人海战术为特点的管理和决策模式不仅耗时耗力,而且难以尽如人意,导致水利工程体系和管理体系在实际工作中难以发挥“1+1>2”的效力。在水利行业内生需求的推动下,将数字孪生流域理论和水利行业实践相结合,以数字赋能水利,构建集自然水系、工程体系、管理体系和数字体系为一体的“四元融合”的智慧水利体系,是国际上共同选择的一种解决水问题的更加高效和可持续的方法。

数字流域与物理流域共同构成了数字孪生流域技术的构架,或者说数字流域和物理流域构成了一对“孪生体”。“数字流域”就是综合运用遥感(RS)、地理信息系统(GIS)、全球定位系统(GPS)、网络技术、多媒体及虚拟现实等现代高新技术采集全流域的地理环境、自然资源、生态环境、人文景观、经济社会等多元信息并进行数字化管理,构建全流域综合信息平台和三维影像模型，使各级部门能够据此做出科学决策，对整个流域进行有效管理保护、治理与开发。进一步而言，数字孪生流域是物理流域在数字空间的映射，通过信息基础设施和数字孪生平台实现与物理流域同步仿真运行、虚实交互、迭代优化。它是数字孪生流域智慧水利的核心内容，其与数字孪生水网、数字孪生水利工程互联互通、信息共享、各有侧重，共同构成数字孪生水利系统的核心。孪生流域通过信息技术完成了实际流域全要素在虚拟空间的映射，搭建了基于人工智能的智能推演和决策平台，目前数字孪生流域在水利领域处于探索和推进阶段。也可以说孪生流域就是物理流域与数字流域的共轭。

在此意义上，智慧黄河是智慧水利在黄河流域的具体实现，是以新一代信息通信技术为主的创新驱动，实现黄河流域水资源、生态保护治理向更高级发展形态转型的新阶段。从黄河流域生态保护治理和水安全保障的角度及信息通信技术层面来讲，智慧黄河就是充分利用新一代信息通信技术建设数字映射体系，将黄河流域及其影响区域内的物理空间要素和相关的经济社会空间要素同构映射到信息空间，形成流域数字流场，生成重点对象数字孪生体，基于数学模拟系统，构建具有预报、预警、预演、预案等功能的智慧应用体系，实现黄河流域生态保护治理和水安全保障智慧化的新形态。

其中，数字映射是利用"天-空-地-网-人"一体化数据感知技术采集处理相关数据的，具有安全性、精确性、敏捷性、动态性、全息性等要求；要素同构映射，要求对流域物理和社会空间相关对象在信息空间中一对一创建数字化对象，同时保持对象间的逻辑关系；重点对象是数字孪生体，针对在黄河流域生态保护治理和水安全保障发挥重要作用的流域物理和社会空间的对象建立数字孪生体，如水土保持措施、水库、险工、控导工程、水文站等；数学模拟系统的核心内容包括各类业务逻辑处理、水文水动力学机制、大数据驱动的数学和人工智能等模型，可对黄河保护治理相关事件的时空趋势洞察分析，模拟仿真。

在实践效果上，智慧黄河必须具备现势感知、趋势预判、势态掌控3个方面的能力，具体表现为6个特征：水沙情势可感知、资源调配可模拟、工程运行可掌控、调度指挥可协同、人水和谐可测控、系统安全可保障。

水利部先后编制完成的《数字孪生流域建设技术大纲（试行）》《数字孪生水利工程建设技术导则（试行）》《水利业务"四预"基本技术要求（试行）》《数字孪生水网建设技术导则（试行）》等，以及黄委编制的数字孪生黄河《规划》为数字孪生流域、数字孪生水网、数字孪生水利工程建设提供了技术指南。

6.2.2 框架研究

现有关于数字孪生流域研究中，不同研究者从不同的角度出发，提出了多种框架结构形式。

从平台建设角度来看，由数据感知平台和数据孪生平台两大部分构成的数字孪生流域是当前一种较为主流的框架结构。

数据感知平台指的是基于全国水文水资源监测站网，构建天-空-地一体化水利监测感知网，通过卫星遥感、无人机、传感器等新型监测手段，结合互联网和大数据技术进而及时掌握重要水信息，提升监测预报预警能力。同时，综合应用低功耗物联网、北斗卫星通信技术等可以实现对偏远、无公共网络覆盖地区的水文要素进行实时监测与数据传输。

数字孪生平台研究集中在数据底板、模型仿真和知识平台等架构方面(见图6-1)。根据政策指引,全国规划在建主要流域L1级数据底板,蓄滞洪区等重点区域L2级数据底板,以及重点水利工程L3级工程模型,部分接入水文水资源监测基础设施获取的多要素实时监测数据,构建流域及工程动态数据资源库。水利部汇聚完成全国水利一张图,覆盖55类1 600万个水利对象。在模型仿真和知识平台方面,基本建成洪水调度和水资源配置专业化模型和知识库等;在业务应用系统方面,按照"需求牵引、应用至上"原则,强调数字孪生流域和数字孪生水利工程的建设要实现业务化应用,尤其是"四预"功能。水利业务应用主要包括流域防洪、水资源管理调配以及水利工程建设和运行管理等"N"项业务。

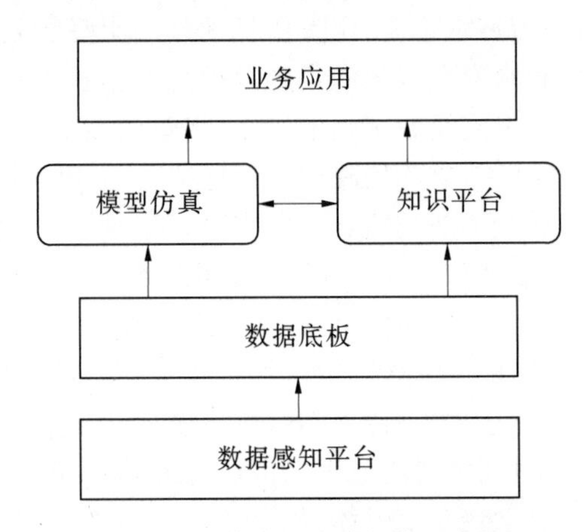

图6-1　数字孪生流域架构示意图

梁静波等从数字孪生平台搭建环节入手,进一步讨论了数字孪生流域框架,包括BIM设计、数字化场景、机制数学模型、GIS和基于系统理论的河流数字孪生模型(见图6-2)。

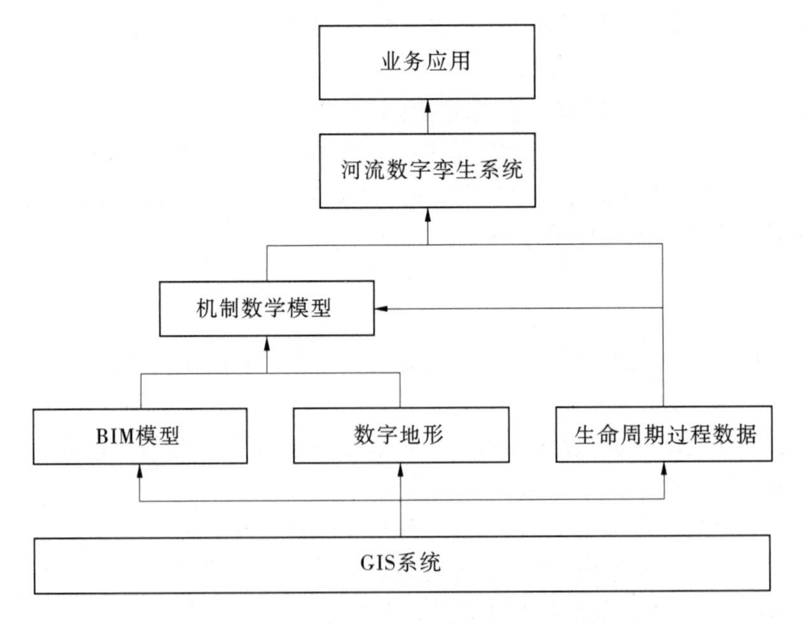

图6-2　基于搭建环节的数字孪生流域框架

BIM 数字孪生主要表现为 3D 建模和仿真,通过计算机辅助设计(CAD)软件、建筑信息模型(BIM)软件等工具构建水利工程数字孪生模型。

数字化场景主要对象包括流域地形地貌、下垫面、水系、湖泊、河势、整治工程、道路、流域历史降雨、历史洪水、河道泥沙、历史洪旱灾害、影响区内的产业、经济、农业结构、人口、生境、脆弱区植被覆盖、湿地、重点区水土流失和重大历史环境事件等。这些数据按照标准的数据模型结构,经过系统化标准化加工处理、重构,融合成流域二、三维数字地图,并叠加雨水沙和经济社会数据,构成流域数字化场景。流域数字化场景为模型算法、大数据分析、业务智能等组件运行提供数据动力。

机制数学模型或称机理模型,就是一种对流域不同对象的时空物理规律的数学表达形式,包括气象预报、流域产流产沙、洪水预报、冰情预报、水库调度、河道演变等基于不同理论背景的数学模型。

GIS 技术将基于实体创建的 BIM 模型、数字地形和流域监控数据与地理信息进行关联,在 GIS 系统中完成唯一的信息编码,搭建数字信息综合服务平台。

在上述技术支撑下,最后将流域内气象、水文、水动力、人口、经济等多种因素作为一个整体,应用系统分析原理和方法,对降雨产汇流、水利工程调度、水沙调控、洪水演进、泥沙冲淤等过程实时定量模拟,并可以动态可视化渲染,与经济、社会、人口等进行互馈,满足防汛减灾、水资源管理与调度、水资源保护、河道整治、水土保持和流域规划等部门及相关决策层的需求。

还有另外一种观点,从数据交互的角度提出,将水利工程数字孪生技术框架分为两个部分:物理实体和虚拟体(见图 6-3)。物理实体提供水利工程的实际运行状态给虚拟体,虚拟体以物理实体的真实状态为初始条件或边界约束条件进行决策模拟仿真。虚拟体预演的操作方案将会通过物联网平台反馈到物理实体系统,完成对物理实体(如闸、泵等设备)的控制操作。

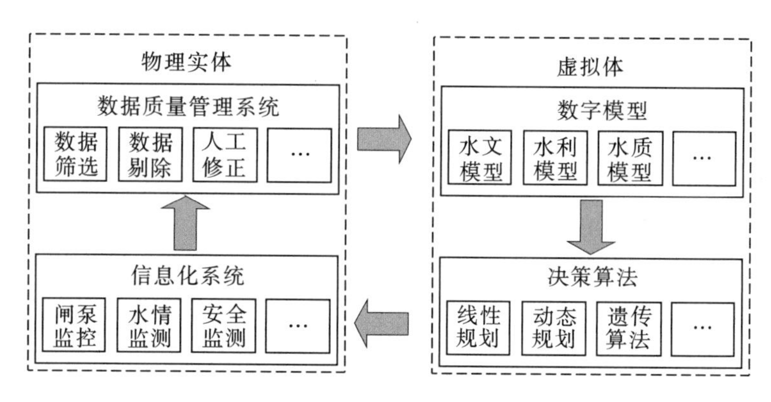

图 6-3 数据孪生技术架构设计

物理实体从广义上讲包括信息化系统和数据质量管理系统。信息化系统主要包括闸泵监控、水情冰情监测、安全监测、水质监测等系统。物理实体的状态数据来源于信息化系统的监控采集值,但由于传感器异常、通信故障等,工程上一般会出现监控采集值的异常,导致监控采集值并不能反映物理实体的真实状态,这将导致虚拟体的决策错误。因此，物理实体还应包含专门的数据质量管理系统，能够对异常数据自动甄别、剔除，并能提供人机交互的数据修正功能。虚拟体从广义上讲包括数字模型和决策算法。数字模型主要包括产汇流模型、河网水动力模型、水质模型等，以及黑箱模型，如神经网络模型、时间序列模型等。但是，仅有数字模型还不足以支撑对水利工程的调度决策，因此对虚拟体来讲，还必须有决策算法做支撑，这些算法不仅包括传统的线性规划、动态规划算法等，还包括遗传算法、粒子群算法等智能算法，以及能满足大规模并行计算的技术手段。

从数字孪生流域功能需求考虑，构建智能业务应用体系也是一种框架搭建方法，水利部提出了“需求牵引、应用至上、数字赋能、提升能力”的建设原则，强调应着重加强用水量的需求与分析、水资源监管、地下水超采治理等业务应用，搭建水资源管控“一张图”，不断提升水资源管理的数字化、网络化。在此思路下构建智能业务应用体系，总体设计黄河保护治理业务应用系统，分步推进业务子系统建设。

（1）水旱灾害防御及水资源管理方面，其数字化、网络化、智能化是首要的。需要整合已有资源，继续提升数字化、网络化水平，着力提升“四预”能力。同时还要充分利用物联网、5G、卫星遥感等技术，健全水旱灾害防御及水资源配置调度全要素数据监测体系，实现要素感知采集全覆盖；加快重点水利工程的数字化、智能化建设，提升水利工程运行的“四预”水平，提升流域工程群联合运行调度的“四预”能力。优先推进重大水利工程及黄河小浪底—花园口河段及下游河段的数字孪生建设。

（2）水行政管理方面。需要围绕赋能水行政监督管理、水政监察、水行政和水资源保护执法等，推进全业务流程的数字化、网络化；同时，基于制度、规则及水政历史数据，逐步建立水政执法的规则模型和数据驱动的模型，提升水行政业务的预报预警能力。

（3）河湖管理方面。围绕水生态水环境保护、水生态空间管控、河道岸线河口管理和保护，需要加快全业务流程的数字化、网络化；充分利用卫星遥感、GIS 等技术，监测河湖管理保护的状态，建立时空数据分析模型，对河湖管理进行预测预警；建设流域河长制工作系统，实现与省区河长制系统互联、信息共享、工作协同。

（4）水利工程建设管理与运行方面。需要建设覆盖水利工程全生命周期的管理系统，对重点工程建设数字孪生体；利用物联网、北斗卫星导航系统、5G、大数据分析等技术，建设水利工程运行安全状态监测预警系统，实现工程安全状态预报预警，做到险情早预知预判；分门别类建设工程抢险抢修方案库，对于每类工程安全事件，可以准确地推荐应对方案。

（5）为满足水利监督方面的要求，需要建设监管业务全覆盖的全流程监管一张网，及时动态掌握灾害防御、水资源配置调度、河湖管理、水生态保护等业务重点监督对象的变化；基于监测历史数据，利用黄河“一张图”及时空数据分析模型，从整体流域的角度出发，实现对监督对象时空分布变化趋势的预报预警。

（6）在水土保持方面，需要着力围绕流域水土流失监测评价、人为水土流失监管、淤地坝安全等建立更加完善的监测体系，逐步形成数字化场景；综合利用卫星遥感、无人机、智能视频、5G 等手段，加大对人为水土流失的监管；加大重点区域土壤侵蚀、降雨产流产沙、水土流失评价等模型的研发应用，提升预报、预警的能力，掌握水土保持状态的时空变化规律。

有研究者从黄河流域生态保护和高质量发展的角度入手,重点论述了黄河“智能大脑”如何服务流域生态保护和高质量发展,提出了黄河“智能大脑”三要素,即感知系统(天地一体智能感知网)、存储管理系统(资源池)和操作系统(时空大数据平台)(见图6-4)。在分析流域一体化时空大数据中心的构成及其基本功能,时空大数据平台及其目标要求,分析并提出基于网格集成与弹性云的混合式时空大数据平台技术体制和构建技术的基础上,提出了采用“共用时空大数据平台+”应用概念模型及其具体应用模式。

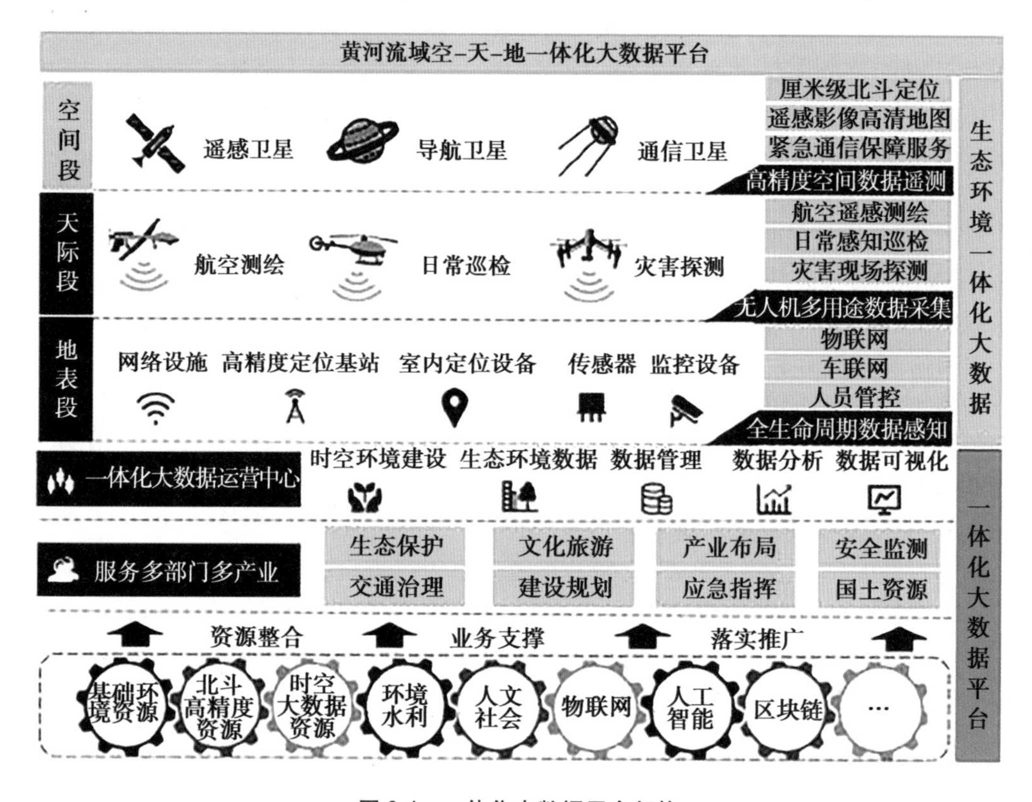

图6-4 一体化大数据平台架构

6.2.3 算据研究

算据是物理流域及其影响区域的数字化表达,是构建数字孪生流域的数据基础,包括自然地理、干支流水系、河道流场、水利工程、经济社会等诸多信息。

根据数字化场景目标要求,需要根据全国、流域、重要水利工程不同空间尺度,分级构建全国统一、及时更新的数据底板,为流域治理管理提供翔实的基础底图。通过优化提档水文、水资源、河床演变、水利工程等地面监测,完善地表水、地下水监测站网,加强卫星、无人机、无人船等载体遥感监测,提升应急监测能力,推进物理流域监测系统的科学建设和高频在线运行,为数字孪生流域提供精准物理参数和现实约束条件,保证数字孪生流域与物理流域匹配的精准性、同步性和及时性。

得益于当前卫星产品的迅速增长,在遥感监测方面已有更多的新技术应用于算据获取过程中。

例如,张璐等利用2003—2015年GRACE重力卫星数据,结合降水量与蒸发量数据,研究黄河流域水储量的时空变化情况,分析其变化趋势与影响因素,并将GRACE数据与GLDAS水文模型的反演结果进行比较,验证GRACE反演结果的准确性。结果表明,研究时段内,黄河流域水储量呈下降趋势,水储量呈现季节性变化,夏秋季水储量较丰,春冬季水储量较少,空间上由西向东递减;相比蒸发量,水储量与降水量相关性更好。

再如,有研究者基于黄河流域雨量计网络降水数据,利用相关系数、平均误差、均方根误差和相对误差4个评估指标,以及极端降水指数和误差分析方法,研究了全球降水测量计划卫星(global precipitation mission, GPM)的2个降水产品(GSMap-gauged和GPM IMERG)的误差空间变化特征,对极端降水的捕捉能力和降水数据进行精度分析。结果表明,2个产品数据都大体存在西部低估而东部高估的现象。相比于GSMap-gauged产品,GPM IMERG产品在大部分地区的误差更大,并且漏报误差受海拔和降水强度的影响更为显著,但对微量降水的观测较为精确些;2个降水产品日尺度降水数据统计指标对比表明,GSMap-gauged产品的相关系数更大,平均误差绝对值更小,监测性能更好;在极端降水观测能力上,GSMap-gauged产品监测能力强于GPM IMERG产品监测能力。

也有研究者提出了雷达遥感径流反演方法,即利用雷达高度计(RA)获取水位信息用以构建水深-径流模型。不过这种方法忽略了河面变化对径流波动的影响,具有一定的局限性。该研究提出了一种基于多源雷达遥感技术的径流计算模型(MRRS-RCM),综合应用RA测高技术与合成孔径雷达(SAR)信息提取技术,以曼宁公式为基础,构建MRRS-RCM模型实现径流反演。

随着对地卫星遥感技术的发展,微波遥感监测为径流模拟提供了新途径。许继军等基于M/C信号法,利用新一代高精度被动微波亮温数据集在中国典型流域进行河道径流模拟,探讨该方法的适用性,分析断面河宽、平均流量、控制面积、植被覆盖度、高程、土地覆盖、利用类型、气候类型等地形地貌和水文气象因素对模拟效果的影响。

在分析地下水和土壤水相互补给条件的基础上,有研究者综合利用多源地理空间数据,识别基于土壤含水量的地下水遥感监测模型的适用范围,进而利用长时间序列遥感影像反演土壤含水量,并结合地下水埋深实测数据构建干旱区地下水监测模型。在新疆阿克苏河流域的绿洲-荒漠区进行了该方法的实例研究,建立了该区基于土壤含水量的地下水监测模型,并分析了地下水埋深的时空变化特征。

在黄河流域丘陵沟壑区的沟道及坡面治理中,水土流失地形因子是开展汇水区分析、水系网络分析、降雨分析、蓄洪计算和淹没分析等水文分析的基础,也是衡量地表侵蚀程度的重要指标。有研究者利用1:10 000基础测绘成果数字高程模型,采用地图代数方法,提取韭园沟流域的地表粗糙度、地表切割深度及沟壑密度等地形因子,形成提取方案,并分析这些因子在水土保持工作中的作用。研究表明,利用DEM能够衍生出水土流失地形因子,由此进一步丰富测绘成果的内容,可以支撑水土流失方案设计、工程施工和成效评价。

6.2.4 算法研究

算法是构建数字孪生流域的关键性技术,是物理流域自然规律的数学表达,包括水利专业模型、智能分析模型、仿真可视化模型等内容。根据智慧化模拟目标要求，需要通过研究流域自然规律，充分利用大数据、人工智能等新一代信息技术，融合流域多源信息，进一步升级完善、改造流域产汇流、土壤侵蚀、水沙输移、水资源调配、工程调度等模型，构建新一代高保真水利专业模型，尤其要重视基于机制揭示和规律把握的数学模型，以及基于数理统计和数据挖掘技术的数学模型，确保数字孪生流域模拟过程和流域物理过程实现高保真。通过建设水利业务智能仿真模型，构建水利业务遥感和视频人工智能识别模型，可以实现水利工程运行和安全监测、应急突发水事件等自动化精准识别。

近年来，不少研究者针对黄河流域不同区域的治理、管理需求，开展了大量有关算法方面的研究。例如，针对黄河源区的径流变化问题，有研究者利用1976—2014年黄河源区径流、气象、数字高程模型（DEM）、土地利用、土壤以及第六次国际耦合模式比较计划CMIP6（6th Coupled Model Intercomparison Project，CMIP6）中8个模式的3个未来情景（SSP126、SSP245和SSP585）气象数据，基于SWAT（Soil and Water Assessment Tool，SWAT）水文模型，对黄河源区主要水文站的径流进行了模拟，预估了未来变化。

随着人工智能技术的迅速发展，神经网络等算法也在模型构建中有了更多的应用。基于流域长期、系统的监测数据分析和信息挖掘，数据驱动模型对数字孪生流域仿真模拟具有重要意义。有研究者以黄河流域月径流为研究对象，选取EMD、EEMD、WD和VMD 4种分解方法，Box-Cox正态变换和W-H逆变换2种正态变换方法，以及BP、SVM、RF和Elman 4种数据驱动模型，构建了多方法融合数据驱动模型，包括基于EMD、EEMD、WD和VMD分解的EMD-BP、EEMD-BP、WD-BP和VMD-BP等16种混合预报模型，用于开展黄河流域月径流预测研究。模拟表明，混合预报模型的模拟效果优秀，分解方法可以显著提高模型的精度和稳定性；验证期的综合预报效果从优到劣的排序为VMD>WD>EEMD>EMD，说明VMD可以将原始序列分解为相对平稳的子序列，使序列更加契合于预报模型，提高模型预报效果。

面向数字孪生的动态数据驱动建模与仿真方法也是近年来提出的。通过随机有限集对CPS中的物理实体和传感器进行数据驱动建模，并使用基于贝叶斯推理的预测与校正过程支持数据驱动的仿真模型运行。有研究者针对黄河流域的泥沙问题，根据BP网络原理和训练流程、遗传算法原理，优化BP网络参数的加速遗传算法的迭代步骤，编制了计算程序，根据数学模型计算及管理的特点，在研发的软件中检验了计算程序模块的功能正确性，并通过方案管理、结果查询等辅助模块实现了计算过程的通用化、可视化。

由于黄河问题的复杂性，仅利用现有单一的模型对复杂的水文、生态、经济、河流等过程是很难做到精准模拟的。也正因为如此，从近两年发表的有关算法研究成果看，大多是采用多类型模型联合/耦合的模拟方法，构成模型集，并在其算法上也有所进展。这基本上成为一个发展趋势。

6.2.5 数字孪生流域建设案例

在水利部的统一部署下，长江水利委员会、黄河水利委员会等7大流域管理机构和三峡、小浪底等11家水利工程管理单位均完成了数字孪生流域或数字孪生水利工程建设先行先试实施方案编制工作，为流域防洪和水资源管理调配等业务运行智能化系统建设提供了技术指南。

6.2.5.1 **数字黄河和数字孪生黄河**

水利部李国英部长在2001年就提出了“数字黄河”概念,即利用信息技术,构建面向黄河流域及其相关区域的自然、经济、社会等的数字集成平台,并在此基础上通过建立业务应用系统及数学模型系统,形成模拟分析和研究黄河问题的虚拟环境。

因此,黄河流域信息化建设起步也比较早。自2001年“数字黄河”工程建设以来,相继开展水量统一调度系统、国家防汛指挥系统等项目建设,研发黄土高原土壤侵蚀、黄河下游河道水沙演进等数学模型,初步构建了“黄河一张图”、视频监控系统和数据中心等。“数字黄河”“模型黄河”和原型黄河“三条黄河”联动应用,初步形成科学决策场,为保障流域防洪安全和供水安全、维护黄河健康生命提供了有力支撑。“数字孪生黄河”是“数字黄河”的升级版,两者在建设目标、实现路径上脉络相通,后续研究将结合新形势、新要求,把“数字黄河”建设成果和经验运用到“数字孪生黄河”建设的实践中去。

目前,“数字孪生黄河”已经实现了水文测报现代化全面升级, 利用包括RS、GPS等在内的各种先进测验技术和设备,完成了9个水情分中心的建设,黄河测验网络体系得到极大完善;基本建成了国家水文数据库和黄河基本河情、实时水雨情、黄河下游工情险情、黄河水土保持、水量调度、防洪工程等数据库;完成了数据中心一期工程建设,实现了黄河水文、实时水雨情、工情险情等数据库的协调统一管理,初步实现了多源、异构海量数据的存储管理和共享服务;建成了黄河高性能计算平台,有效地支撑了中尺度数值天气预报和二维水沙演进模型等黄河上复杂的、基于海量数据的高性能计算;建成了黄河基础地理信息中心,建设了多尺度、多分辨率、包含10多个专题空间数据的黄河空间数据体系,构建了统一的黄河基础地理信息服务平台。在数学模型方面,自主研发了黄河下游河道一维/二维水沙演进水动力学模型、洪水预报模型、水资源调度模型、水库群联合调度模型和土壤侵蚀模型等,并初步形成模型系统研发和应用的可持续发展模式。业务应用系统建成了支持防汛减灾、水资源调度管理、水资源监测保护、水土保持、工程建设与管理及电子政务等核心业务的主要应用系统;采用应用服务与中间件技术,实现了水文气象、洪水预报与防洪减灾调度、黄河下游二维洪水演进与三维视景等系统的耦合。

综合各类技术,实现了包括水情预报及防汛会商、水资源调度与管理、水资源监测保护在内的核心业务决策会商的可视化,为科学研判黄河水沙情,做出准确决策提供了坚实的技术支撑。同时,利用GIS技术、RS技术及三维建模技术建成了“黄河下游交互式三维视景系统”,实现了河段虚拟场景的交互式控制浏览及场景属性数据的动态查询显示;初步建立了黄河下游在计算机中的虚拟对照体,管理和表现了整个黄河下游900多km的河道场景。通过虚拟会商环境支持下的黄河防汛指挥中心、水文预报中心和水量调度中心,运行各种水利专业模型,初步形成了一个面向具体应用的虚拟仿真系统,可以对有关水利信息进行综合处理,使重大治黄决策方案能够在数字集成平台和虚拟仿真环境下进行模拟、分析和研究(见图6-5、图6-6)。

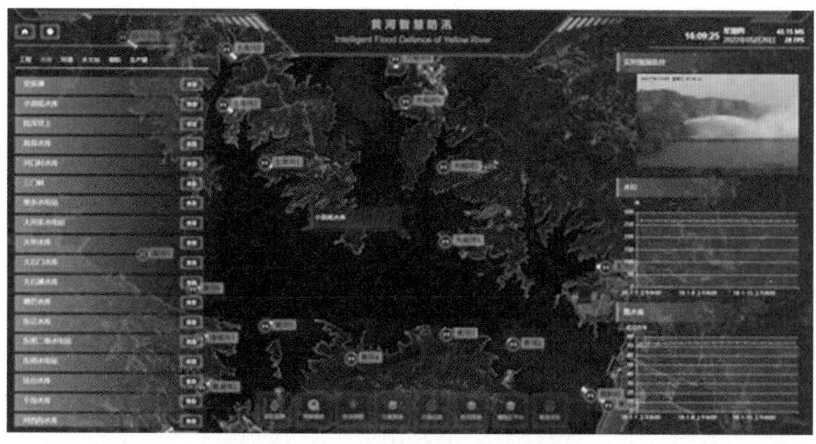

图 6-5 黄河智慧防汛平台预报调度

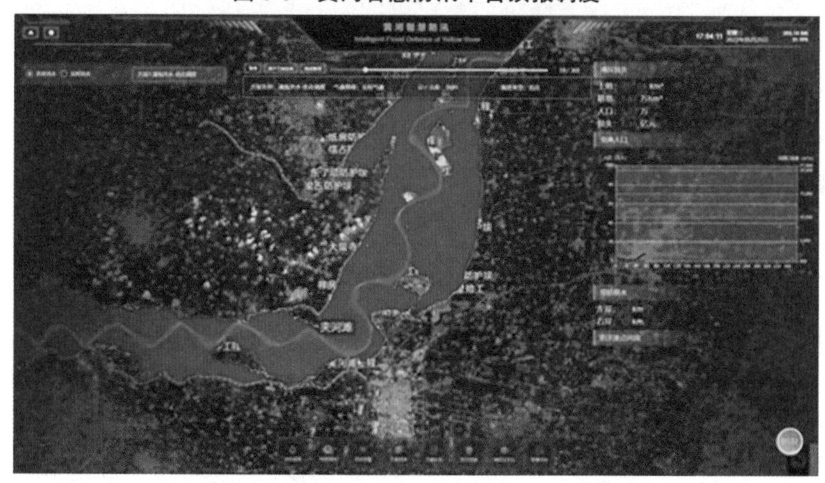

图 6-6 洪水演进模拟

“数字黄河”遵循规划确定的建设内容和建设原则,基本实现了信息资源的共享和应用集成,大大提高了黄河治理开发与管理的现代化水平,提高了对各类突发事件的应急处理能力。

以“数字黄河”工程为主体的信息化建设,初步形成了治黄信息化采集、传输、存储、处理、资源整合共享、业务应用体系,为数字孪生黄河建设奠定了坚实基础。2022 年水利部黄河水利委员会印发《数字孪生黄河建设规划(2022—2025)》,要求“十四五”期间加快构建具有“四预”功能的数字孪生黄河,为黄河流域“2+N”水利智能业务应用提供数字化场景和智慧化模拟支撑,以数字化、网络化、智能化支撑带动黄河保护治理现代化。

根据《规划》要求,数字孪生黄河建设的重点工程有黄河下游防洪工程安全监测工程、黄河流域全覆盖水监控系统、黄河流域水工程防灾联合调度系统、黄河流域水文基础设施建设工程、黄河流域水资源管理与调配应用系统、淤地坝安全度汛管理平台、数字孪生黄河关键技术研究与平台建设、黄河流域数字孪生应用示范。

《规划》还明确了“十四五”时期建设目标,并展望了 2030 年和 2035 年远景目标。其中,“十四五”时期将初步建成黄河流域“2+N”智能业务应用体系。“2”指的是在黄河重点防洪地区基本实现“四预”,初步达到对水资源管理与调配的“四预”;“N”指的是推进水文业务管理、水土保持、水利工程建设及运行管理等 N 项重点业务应用,同时,还要提升流域水利数字化、网络化和重点领域智能化水平,接入小浪底、万家寨等重要水库数字孪生工程建设成果。

数字孪生黄河即是构建一个数字孪生数据底座。智能感知体系建设主要包括基于卫星星座的太空水文站、水雨情自动监测、防洪视频智能监控、洪水应急监测、工情实时监测与智能识别、卫星遥感监测监管等建设内容,将获取的空、天、地各类型数据进行实时汇集融合,形成“空-天-地”一体化智能感知监测体系;基础支撑体系建设内容主要包括通信网络、服务器资源、存储资源、会商系统及网络安全等;数据资源体系建设内容主要是在已建数据库的基础上,建设完善汇聚融合、静动有机统一的数据资源体系,构建黄河流域数字孪生底板,包括多源数据汇集、智慧防洪专用数据库建设、跨行业及行业内数据共享和循环、数字孪生底板平台等;智慧防洪体系建设的内容主要包括防洪数字化场景构建、数字孪生流域防洪专业模型构建、智能应用支撑建设、防洪“四预”系统研发等;数字标准体系则是在现有水利行业规范标准的基础上,形成数字孪生底板、数字化场景、水利专业模型和“四预”业务系统等相关技术标准体系。

6.2.5.2 数字孪生小浪底

小浪底水利枢纽管理中心组织建设了数字孪生小浪底,构建工程“四预”智慧体系,实现数字工程与物理工程同步的仿真运行,为提升小浪底水利枢纽工程运行水平提供技术支撑。

在组织开展的防汛应急抢险综合演练中,数字孪生小浪底建设成果对外展示应用(见图 6-7)。

图 6-7　数字孪生小浪底演练——防洪调度

在防汛应急抢险综合演练中,主要模拟小浪底水利枢纽拦蓄中游洪水、减轻下游防洪压力的场景。根据预报降雨量和洪水传播时间,通过数字孪生小浪底系统的初建成果,发挥“四预”功能,推演小浪底水库水位涨幅等情况。同时考虑黄河下游防洪压力,在发挥小浪底水利枢纽减淤排沙综合效益的情况下,制订应对方案,精准执行黄河防总调度指令,完成小浪底、西霞院两库联调。

数字孪生小浪底演练共设置了四个主题场景,分别是防洪形势分析、枢纽运行状态、调度方案预演、工程安全监测(见图 6-8)。

图 6-8 数字孪生小浪底演练——工程安全

其运行中各功能的表达形式为:

(1)防洪形势分析是在黄河流域一张图中展示降雨预报、进行水情形势分析及库水位上涨预测,通过翔实的数据为决策提供依据。

(2)枢纽运行状态场景,基于数字孪生小浪底水库三维空间动态展示枢纽发电及泄洪孔洞的当前运行状态、当日泄流、发电等过程基础数据。

(3)调度方案预演直观演示了不同调度方案下枢纽运行情况,辅助做出科学决策。

(4)工程安全监测场景展示大坝监测设施设备的分布状况和测量数值,为研判大坝运行状态提供数据支撑。

6.2.5.3 智慧山东黄河

山东黄河河务局开展 2021 年“三个全覆盖”建设,促进了河流宏观运行、工程外部形态感知能力的提升。智慧山东黄河的主要内容包括搭建基于主动感知的物联网平台,推动实现对河道工程空间布局的感知设施主动监测、感知信息主动采集;建设基于超融合技术架构的云平台,提升信息数据存储、计算的基础支撑能力;建设山东黄河时空大数据平台,以防洪工程基础数据、水利“一张图”为空间数据体系,以实时感知的水位、工情等业务信息流为时间数据体系,通过时空信息叠加形成完整反映河流、工程运行状态的大数据架构体系,进而通过 GIS+BIM+无人机倾斜摄影等技术,推动典型数字化场景设计与建设;建设基础模型、算法、知识平台,按预定对数据进行清洗、加工、处理,塑造形成可用、有用的业务数据流,按需求推送至各个业务平台(见图 6-9)。

根据介绍,山东黄河数字孪生平台建设还处于起步阶段,当前需要完成基于整体解决方案的体系架构建设,关注体系的整体性、先进性和实用性。目前需要解决的问题有:信息感知网方面,感知体系还不健全,传输支撑能力不足,“三个全覆盖”应用不够等。因此,需要提升山东河段的卫星遥感影像关键信息解译能力,增强河道整治工程水下监测能力,采取多种形式的河道整治工程无线通信覆盖,补强“最后一公里”保障能力,挖掘视频监控的更多业务应用结合点,深层次应用无人机采集河道工程信息等。

(a)

(b)

图 6-9　智慧山东黄河平台数字场景展示

6.3　面临的问题与研究展望

6.3.1　面临的问题

目前,数字孪生流域的研建在水利行业总体上还处于起步阶段,在数字化、网络化、智能化等方面仍面临着一些需要解决的问题。

(1)监测感知不全面。约 50%的中小河流缺乏水文监测,90%以上小型水库和大部分堤防没有安全监测;约 65%水文监测数据尚未数字化,90%以上水利工程没有完成数字化。

(2)网络信息等基础设施不先进,网络安全防护能力不足。据统计,13%的县级水利部门、95%以上水利工程没有接入水利网,同时网络安全等级防护建设仍有欠缺。

(3)水利专业模型应用覆盖面和智能化的推广应用遇到技术瓶颈。由于不少基层单位技术力量薄弱,缺乏相关专业技术人员,因此除大部分水文部门在水情预报方面采用了水利专业模型外,其余大量信息系统功能还以填报传输、汇总统计等简单功能为主,模拟模型应用覆盖面和智能化应用范围不大且应用水平不高。

(4)对于水旱灾害防御及水利信息化业务功能技术存在的突出问题主要有:①数据方面,存在水文监测、历史洪水调度等数据分散化、碎片化问题;②专业模型方面,中小河流洪水预报仍然以传统概念性模型、API模型、上下游相关经验模型等为主,尚未实现基于物理机制精细化分布式水文模型的全流域洪水预报业务化应用,数据挖掘、人工智能等技术应用较少;③实时智能化调度方面,实时智能化调度中多以单一工程为主,调度过程中对降雨预报、洪水分析推演技术利用不够充分,尚未构建洪水业务化预演场景,洪水模拟计算时间长,调度信息共享不充分,预报与调度耦合程度和精准度较低等,水旱灾害防御科学化水平及智慧化程度尚需进一步提升。

6.3.2　应对建议

鉴于数字孪生技术的应用实践目前尚处于起步阶段,还有大量的研究与实践探索,因此针对前面所述存在的问题,提出以下建议:

(1)目前黄河流域干流及部分主要支流已形成完整的水文监测网络,但是并未形成全流域监测系统,大部分主要支流仍是空白。究其原因,一方面传统水文监测站点在中小型支流的建设和运行费用相对较高,同时设备架设不便,造成成本过高;另一方面,中小支流河道地形多变、季节性强,其水文特征监测难度较大。因此,进一步提升卫星、无人机等载体的遥感监测技术在小型河道监测中的应用研究是必要的。通过卫星定位技术和影像数据挖掘算法的研究,辅助以无人机、无人船等载体开展周期性遥感监测,可以更好地获取黄河流域中小型河流尺度的水文特征,提升中小支流河道应急监测能力。灵活的"空-天-地"多源数据融合技术将为数字孪生流域提供精准物理参数和现实约束条件。

(2)加快数字孪生网络平台建设,综合应用低功耗物联网、北斗卫星通信技术等可以实现偏远、无公共网络覆盖地区的水文要素监测与数据传输。聚焦数据接入、管理和服务能力,搭建黄河流域时空大数据中心,同时聚焦网络安全和防御能力,搭建网络安全中心,研究开发多层级的网络安全防御体系。

(3)深化算据与算法的关联研究,开发适用于现场一线的模型输入输出端口,缩短监测采集数据与模型输入数据的迟滞不同步时差,打造友好交互平台界面,降低从业人员专业门槛,探索数字孪生流域和物理流域同步运行的相互反馈机制及实用框架形式。另外,加强基层技术力量,增强专业技术人员引入力度,并建立制度,使从业人员的技术能力持续提升。

(4)在当前的基础上,首先做好黄河流域历史数据、实测数据的整理和标准化处理,打破不同部门的技术壁垒,实现流域多源信息融合的数据基础。其次,继续推进流域机制模型研究,重视基于机制揭示和规律把握的数学模型。同时,加强基于大数据、人工智能等新一代数据驱动模型,并将其有机耦合,确保实现数字孪生流域模拟过程和流域物理过程的同步计算、高精度保真。还有,通过水利业务智能决策模型研究,提升水利工程运行和安全评估、应急突发应对等情景下的智慧水利应用效益。

6.3.3 研究展望

数字孪生流域工程建设是强化水旱灾害防治、优化水资源配置、改善水生态环境、促进区域协调发展的重要手段，是流域管理现代化的必由之路。通过数字孪生流域建设项目引领推动，提升水利行业在信息化基础设施、数字孪生平台、业务应用系统等方面的水平。

水利部对智慧水利和数字孪生流域工程建设提出了明确目标要求，到2025年，通过建设数字孪生流域、“2+N”水利智能业务应用体系、水利网络安全体系、智慧水利保障体系，推进水利工程智能化改造，建成七大江河数字孪生流域，在重点防洪地区实现“四预”(预报、预警、预演、预案)，在跨流域重大引调水工程、跨省重点河湖基本实现水资源管理与调配“四预”，N项业务应用水平明显提升，建成智慧水利体系1.0版。黄河水利委员会也提出在“十四五”期间加快构建具有预报、预警、预演、预案功能的数字孪生黄河，为黄河流域“2+N”水利智能业务应用提供数字化场景和智慧化模拟支撑，以数字化、网络化、智能化支撑带动黄河保护治理现代化。

因此，从智慧水利的视角，开展数字孪生流域研发理论与技术的研究，提高流域保护治理、开发与管理的水平，是实现新时期水利事业高质量发展的必然要求，对于促进水利行业科技进步具有重要意义。

当前，制约智慧水利工程建设的突出科技问题是如何实现对流域复杂下垫面多要素的精准快速提取，如何构建基于机制与规律的高精度模拟的专业模型，如何推进全行业共建共享安全稳定的数字孪生流域平台一体化的格局构建。为此，数字孪生流域研究的重要方向将必然聚焦于流域透彻感知、数据融合存储、过程数字仿真、业务智能决策、工程安全运行等基础理论与关键技术。通过这些关键技术突破，未来数字孪生流域、数字孪生水利工程和数字孪生水网建设可为水利管理提供透彻感知的数据底板、高保真高效力的模型及算法、强大的数据融合能力和智慧化的决策推演平台，总体提升国家水安全保障能力。

需要研究解决的问题包括：

(1)基于卫星、遥感、无人机等新技术，开展黄河流域算据获取、筛分和重构方法研究，探索构建数字化场景模型的智能方法，进而提升流域水情监测预报能力，加快实施黄河流域全覆盖水监控系统建设、水利工程运行在线监测能力建设、已建水利工程智能化改造等项目。

(2)围绕黄河流域防洪防凌、水资源管理与调配、水沙调控、流域生态保护等主要业务，研发和改进相关数学模型，形成专业模拟模型系统，构建健康、高智、敏捷的智慧水利“大脑”，通过原型黄河全要素的数字化映射，扩大人工智能技术在仿真模拟、决策方面的应用深度和广度，解决原型流域与数字流域密切共轭的算法，实现对流域过程与决策方案效应的智慧化高精度模拟。

(3)数字孪生流域和智慧水利平台建设理论研究。尤其是需要围绕黄河流域防汛指挥决策及水量调度系统，研究物联网、云计算、大数据挖掘分析与水利深度融合的理论与方法，研发具有“四预”功能的黄河流域“2+N”智能协同应用的关键技术，推进相关应用系统建设，为实现精准化决策提供坚实的基础理论支撑。

参考文献

[1] 陈雪. 黄科院:数字孪生赋能防汛抗旱 强力支撑黄河防汛演练[EB/OL]. [2022-05-27]. https://henan. China. com. cn/news/2022-05/27/content_41984746htm.

[2] 陈雄波,王俊昀,龚钰婷,等. 基于神经网络和遗传算法的泥沙模型研发及应用[J]. 人民黄河, 2020, 42(12): 18-22.

[3] 贾何佳,李谢辉,文军,等. 黄河源区径流变化模拟及未来趋势预估[J]. 资源科学, 2022, 44(6): 13.

[4] 蒋云钟,冶运涛,赵红莉,等. 智慧水利解析[J]. 水利学报, 2021, 52(11): 1355-1368.

[5] 寇怀忠. 智慧黄河概念与内容研究[J]. 水利信息化,2021(5):1-5.

[6] 寇怀忠. 数字黄河工程实践与启示[EB/OL]. [2021-07-22]. http://www. yrcc. gov. cn/zlcp/xspt/20210/t2021031_23226. html.

[7] 王小远,寇怀忠. 新一代信息技术在黄河治理中的应用研究[J]. 水利信息化,2021(6):68-72.

[8] 科普中国·科学百科. 数字孪生[EB/OL]. [2021-07-22]. https://baike. baidu. com/item/%E6%95%B0%E5%%AD%97%E5%AD%AA%E7%%9%9F/22197585? fr=aladdin.

[9] 李国英. "数字黄河"工程建设"三步走"发展战略[J]. 中国水利,2010(1):1-16,20.

[10] 李媛媛,宁少尉,丁伟,等. 最新GPM降水数据在黄河流域的精度评估[J]. 国土资源遥感, 2019, 31(1): 164-170.

[11] 李国英. 在调研部网信工作时的讲话[R]. 北京:水利部信息中心,2021.

[12] 李国英. 推动新阶段水利高质量发展 为全面建设社会主义现代化国家提供水安全保障[J]. 中国水利,2021(16):1-5.

[13] 李民东,刘瑶. 数字孪生技术在山东黄河水资源管理与调度中的应用研究[C]//2021(第九届)中国水利信息化技术论坛论文集. 2021:253-255.

[14] 李文学,寇怀忠. 关于建设数字孪生黄河的思考[J]. 中国防汛抗旱,2022,32(2):27-31.

[15] 刘晓阳. 数字孪生小浪底建设成果首次应用于防汛演练[EB/OL]. [2022-07-01]. https://www. henan. gov. cn/2022/07-01/2478868. html.

[16] 栗铭.《数字孪生黄河建设规划(2022—2025)》发布[J]. 人民黄河, 2022, 44(6): 1.

[17] 梁静波,杨振奇,杜儒林,等. 基于数字孪生的水利工程运维研究进展与探索[C]//2022(第十届)中国水利信息化技术论坛论文集. 2022:358-363.

[18] 刘家宏,蒋云钟,梅超,等. 数字孪生流域研究及建设进展[J]. 中国水利, 2022(20): 23-24, 44.

[19] 闵林,王宁,毋琳,等. 基于多源雷达遥感技术的黄河径流反演研究[J]. 电子与信息学报, 2020, 42(7): 1590-1598.

[20] 牛玉国,王煜,李永强,等. 黄河流域生态保护和高质量发展水安全保障布局和措施研究[J]. 人民黄河,2021,43(3):1-6.

[21] 蒲永峰,张宙,姬霖,等. 基于DEM的黄河流域水土流失地形因子提取技术[J]. 测绘标准化, 2021, 37(4):37.

[22] 饶小康,马瑞,张力,等. 数字孪生驱动的智慧流域平台研究与设计[J]. 水利水电快报, 2022, 43(2): 117-123.

[23] 饶小康,马瑞,张力,等. 基于GIS+BIM+IoT数字孪生的堤防工程安全管理平台研究[J]. 中国农村水利水电, 2022(1): 1-7.

[24] 史晓亮,周政辉,王馨爽. 基于遥感技术的干旱区地下水监测研究[J]. 人民黄河, 2019, 41(7): 87-91.

[25] 孙光宝,邓颂霖. 基于数字孪生技术的水资源管理系统应用研究[J]. 黄河·黄土·黄种人, 2022(23):62-64.

[26] 孙叶华,刘桂锋,陈帅印. 基于黄河流域专题数据的国家科学数据中心关联模型构建研究[J]. 数字图书馆论坛, 2022(8): 9.

[27] 王家耀,秦奋,郭建忠. 建设黄河"智能大脑" 服务流域生态保护和高质量发展[J]. 测绘通报, 2021(10): 1-8.

[28] 王军. 黄河流域空天地一体化大数据平台架构及关键技术研究[J]. 人民黄河, 2021, 43(4): 6-12.

[29] 王鹏,杨妹,祝建成,等. 面向数字孪生的动态数据驱动建模与仿真方法[J]. 系统工程与电子技术, 2020,42(12):42.

[30] 夏润亮,李涛,余伟,等. 流域数字孪生理论及其在黄河防汛中的实践[J]. 中国水利, 2021(20): 11-13.

[31] 许继军,屈星,曾子悦,等. 基于高精度遥感亮温的典型流域河道径流模拟分析[J]. 水科学进展, 2021, 32(6): 877-889.

[32] 许雅宁,段同苑. 智慧山东黄河平台建设研究[C]//2021 第九届中国水生态大会论文集. 2021: 691-695.

[33] 张勇传,王乘. 数字流域:数字地球的一个重要区域层次[J]. 水电能源科学,2001,19(3).

[34] 张芳琴. 多方法融合数据驱动模型在月径流预报中的应用研究[D]. 杨凌:西北农林科技大学, 2022.

[35] 张璐,江善虎,任立良,等. 基于 GRACE 数据监测黄河流域陆地水储量变化[J]. 人民黄河, 2020, 42(4): 6.

[36] 张绿原,胡露骞,沈启航,等. 水利工程数字孪生技术研究与探索[J]. 中国农村水利水电, 2021(11): 58-62.

[37] 张易辰,王文虎,王福银,等. BIM 技术在中卫下河沿黄河大桥项目中的应用[J]. 工程技术研究, 2022,7(105):25-27.

[38] 张金良,张永永,霍建伟,等. 智慧黄河建设框架与思考[J]. 中国水利,2021(22):71-74.

[39] C Zhou,C Fang,M Kandic, et al. Large-scale hybrid real time simulation modeling and benchmark for nelson river multi-infeed HVdc system[J]. Electric Power Systems Research, 2021, 197: 107294.

[40] Chengxiao Zhang,Lingling Wang,Hai Zhu, et al. Integrated hydrodynamic model for simulation of river-lake-sluice interactions[J]. Applied Mathematical Modelling, 2020, 83: 90-106.

[41] Diego Sebastian Fernandez,Valerie Baumann,Noelia Carrizo. The twin catastrophic flows occurred in 2014 at Ambato Range (28 degrees 09′-28 degrees 20′S), Catamarca Province, Northwest Argentina [J]. Journal of South American Earth Sciences, 2021, 106: 103086.

[42] H Wang,S Huang,D Di, et al. Study on the spatial distribution of water resource value in the agricultural system of the Yellow River Basin[J]. Water Policy, 2021, 23(4): 1044-1058.

[43] J Feng,W Wang,H Liu. Study on fluid movement characteristics inside the emitter flow path of drip irrigation system using the Yellow River Water[J]. Sustainability, 2020, 12(4): 1319.

[44] J Zhang. Water conservation estimation based on time series NDVI in the Yellow River Basin[J]. Remote Sensing, 2021, 13.

[45] Ryota Kusakabe,Kohei Fujita,Tsuyoshi Ichimura, et al. Development of regional simulation of seismic

ground-motion and induced liquefaction enhanced by GPU computing[J]. Earthquake Engineering & Structural Dynamics, 2021, 50(1): 197-213.

[46] Toru Ishida. Understanding digi-tal cities, lecture notes in computer science, Vol. 1765, Springer-Verlag, 2000.

[47] X Guan, J Zhang, Q Yang, et al. Evaluation of precipitation products by using multiple hydrological models over the Upper Yellow River Basin, China[J]. Remote Sensing, 2020, 12(24): 4023.

[48] X Song. Stochastic evolution of hydraulic geometry relations in the lower Yellow River of China under environmental uncertainties[J]. International Journal of Sediment Research, 2020, 35(4): 328-346.

[49] Xiaolong Song, Deyu Zhong, Guangqian Wang, et al. Stochastic evolution of hydraulic geometry relations in the lower[J]. International Journal of Sediment Research, 2020, 35: 328-346.

[50] Y Xing, B Lv, D Ma, et al. Hydrodynamic modeling to evaluate the influence of inland navigation channel training works on fish habitats in the Upper Yellow River[J]. Ecological Engineering, 2021, 169(1): 106289.

[51] Zhaohui Wu, Changxing Ren, Xiaobo Wu, et al. Research on digital twin construction and safety management application of inland waterway based on 3D video fusion[J]. Ieee Access, 2021, 9: 109144-109156.

[52] Zhonghua Xu, Changguo Dai, Jing Wang, et al. Construction and application of recognition model for black-odorous water bodies based on artificial neural network[J]. Advances in Civil Engineering, 2021, 2021: 1-9.